U0324012

依据教育部《高等学校工程图学课程教学基本要求》编著

工程制图

基础理论及实训

（图文版）

陈志新◎著

中国发展出版社
CHINA DEVELOPMENT PRESS

图书在版编目（CIP）数据

工程制图基础理论及实训 / 陈志新著. —北京：中国发展出版社，2018.4

ISBN 978-7-5177-0648-9

Ⅰ.①工… Ⅱ.①陈 Ⅲ.①工程制图 Ⅳ.①TB23

中国版本图书馆CIP数据核字（2017）第031621号

书　　　名：工程制图基础理论及实训

著作责任者：陈志新

出 版 发 行：中国发展出版社

　　　　　　（北京市西城区百万庄大街16号8层　100037）

标 准 书 号：ISBN 978-7-5177-0648-9

经 销 者：各地新华书店

印 刷 者：北京市密东印刷有限公司

开　　　本：710mm×1000mm　1/16

印　　　张：20.5

字　　　数：360千字

版　　　次：2018年4月第1版

印　　　次：2018年4月第1次印刷

定　　　价：49.80元

联 系 电 话：（010）68990625　68990692

购 书 热 线：（010）68990682　68990686

网 络 订 购：http://zgfzcbs. tmall. com//

网 购 电 话：（010）88333349　68990639

本 社 网 址：http://www.develpress. com. cn

电 子 邮 件：121410231@qq. com

前　言

　　工程图样被喻为工程技术界共同的"语言"，《工程制图基础理论及实训》这门课程是各高校机械类和近机类以及物流工程、物流管理和采购管理等专业的重要基础课。

　　本教材根据教育部制定的"高等学校工程图学课程教学基本要求"及近年来发布的《机械制图》《技术制图》等国家标准编写而成，总结了一线教师在工程制图教学中积累的长期经验以及近年来教学研究及改革的成果，同时汲取了同类教材的优点，力求满足二十一世纪人才培养目标对工程制图的新要求。

　　本课程理论严谨，实践性强，与工程实际有密切联系，对培养学生掌握科学的思维方法、树立工程和创新意识有重要作用。目前市面上类似教材在"CAD上机实训"方面的内容偏少，且几乎都只有AutoCAD而没有SolidWorks和AutoCAD Plant 3D的培训；在绘制立体图方面多强调零件的三维图即零件体的三维建模。而本书在此基础上还增加了整个设备的三维图即装配体（如设备和仓库的三维建模），这些对机械、物流工程、物流管理和采购管理等专业都是需要的。

　　本教材由两部分内容构成：

　　1.工程制图。包括点、线、面的投影，基本几何体、截切体与相交立体的视图，制图的基本知识、组合体的视图及尺寸标注、轴测图、图样的常用表示法、常用标准件的表示法、零件图和装配图。

　　2. CAD上机实训。主要介绍AutoCAD、SolidWorks、AutoCAD Plant 3D这三款软件对工程图、零件体和装配体的绘制。AutoCAD是目前绘制二维视图功能最强大和应用最广泛的绘图软件之一，掌握它是工程和机械等专业技术人员必备的基本技能；AutoCAD Plant 3D是一款专门面向三维工厂设计的软件，非常适合物流管理和物流工程专业人员设计仓库，能够创建先进的工厂或仓库布局的三维设计；SolidWorks软件是世界上第一个基于Windows开发的三维CAD系统，有易用、稳定和创新三大优势，能方便地绘制三维设备的装配体，还能自动生成爆炸图和三视图。这三款绘图工具均通过具体实例进行了详细介绍，并给出了完整的绘图操作步骤。

本教材可供高等院校机械类和近机类尤其是物流工程、物流管理和采购管理等专业使用，亦可供职业院校有关师生及工程技术人员参考使用。

本书在编写过程中得到了学院领导、同事的热情支持和帮助，研究生刘鑫、卢成林、侯忠剑、张志浩、陈歌和郝宇楠亦给予了诸多协助，在此一并表示感谢。此外，本书还从网上引用了很多内容，无法一一注明，在此一并致谢！

由于时间仓促，加之作者水平和精力有限，许多内容未能完善和进一步深入，疏漏之处再所难免，敬请读者批评指正。作者Email：zxchencrocodile@hotmail.com。

目　录

第一部分　工程制图

第二部分　CAD 上机实训

绪 论

工程图样是工程界的"语言"。

工程图样是表达和交流技术思想的重要工具，是工程技术部门的一项重要技术文件。本课程研究绘制和阅读图样的基本原理和基本方法，培养学生的识图能力和制图能力，学习和贯彻机械制图的国家标准和有关规定。

本课程是研究用正投影法阅读和绘制工程图样的技术基础课，专业性、技术性较强。

本课程的主要内容：

①画法几何；

②制图基础；

③工程制图与计算机绘图。

本课程的学习要求：

①明确空间关系，养成良好的空间思维习惯；

②多做练习，认真作图，及时、独立、认真完成课内外作业；

③稳扎稳打，培养一丝不苟的绘图作风；

④严格遵守国家标准。

通过一学期的学习，学生将具备看懂并绘制下列图表的能力。

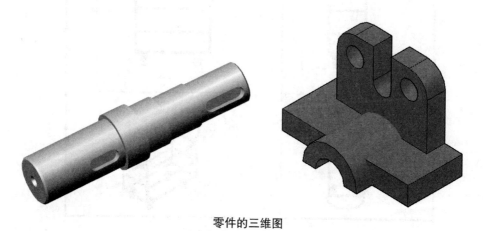

零件的三维图

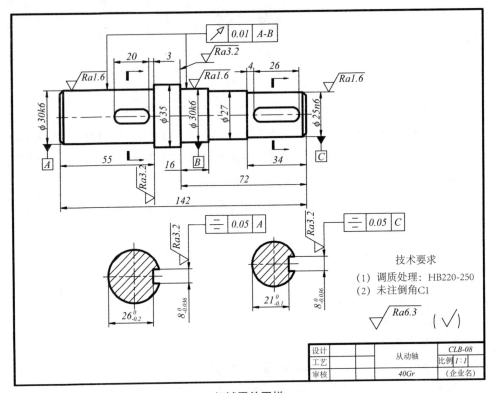

机械零件图样

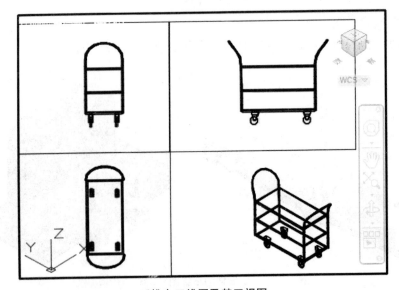

手推车三维图及其三视图

为了提高学习兴趣，有必要简单介绍一下画法几何的历史。

1103年，中国宋代李诫所著的《营造法式》中的建筑图，基本上符合几何规则，但在当时尚未形成关于画法的理论。

1763年，法国里昂学院年轻的物理学教授G.蒙日到梅济耶尔的军事学校工作。学校常规课程中有一部分很重要的内容叫筑城术，其中的关键是把防御工事设计得十分隐蔽，没有任何部分直接暴露在敌方的火力之下。而要做到这点，往往需要没完没了的数学运算。有时为了解决问题，甚至需要把已经建成的工事拆毁，再从头开建。精通几何的蒙日在思考如何简化这项军事工程的过程中发明了画法几何（Descriptive Geometry）。按照他的方法，空间的立体或其他图形可以由两个投影描画在同一个平面上。这样，有关工事的复杂计算就被作图方法所取代。经过短期训练，任何制图员都能胜任这种工作。这种技法受到极大重视。蒙日被要求宣誓不得泄露他的方法，画法几何也因此被作为一个军事秘密小心翼翼地保守了15年之久。直到1794年，蒙日才被允许在巴黎师范学院将画法几何公诸于世。没有蒙日最初为军事工程作的发明，19世纪机器的大规模出现也许是不可能的。画法几何是使机械工程成为现实的全部机械制图图解方法的根源。

1799年蒙日发表《画法几何》一书，提出用多面正投影图表达空间形体，为画法几何奠定了理论基础。以后各国学者又在投影变换、轴测图以及其他方面不断提出新的理论和方法，使这门学科日趋完善。

第一部分

工程制图

本部分实质上包含了画法几何和工程制图基础理论的相关内容。

画法几何（Descriptive Geometry）是研究在平面上用图形表示形体和解决空间几何问题的理论和方法的学科。在工程和科学技术方面，经常需要在平面上表现空间的形体。例如，需要在纸上画出设备或建筑物的图样，以便根据这些图样加工制造或施工建造。但是平面是二维的，而空间形体是三维的，为了使三维形体能在二维的平面上得到正确地显示，就必须规定和采用一些方法，这些方法就是画法几何的研究对象。

画法几何是机械制图的投影理论的基础，它应用投影的方法研究多面正投影图、轴测图、透视图和标高投影图的绘制原理，其中多面正投影图是主要研究内容。画法几何的内容还包含投影变换、截交线、相贯线和展开图等。

点、直线和平面是组成几何体的基本元素，了解它们的投影性质和规律能够为我们学习物体投影打下良好的基础。投射线通过物体，向选定的面进行投射，并在该面上得到图形的方法，称为投影法。所有投射线的起源点，称为投射中心。自发射中心且通过被表示物体上各点的直线，称为投射线。在投影法中得到投影的面，称为投影面。根据投影法所得到的图形，称为投影或者投影图。

投影法分为两类：中心投影法和平行投影法。

先介绍一下中心投影法。

投射中心位于有限远处，投射线汇
交于一点的投影法，称为中心投影法，
所得到的投影称为透视投影、透视图或
者透视。

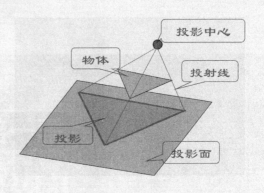

中心投影法的投影特性：投射中
心、物体、投影面三者之间的相对距离
对投影的大小有影响；度量性较差。

右图是利用中心投影法做的投影。

再介绍一下平行投影法。

平行投影法是一种投射线相互平行的投影法，又分为正投影法和斜投影法。
正投影法是投射线与投影面相垂直的平行投影法，所得到的投影称为正投影；斜
投影法是投射线与投影面相倾斜的平行投影法，所得到的投影称为斜投影。

平行投影法的投影特性：投影大小与物体和投影面之间的距离无关；度量性
较好。

下图是利用平行投影法做的投影。其中左图是正投影，右图是斜投影。

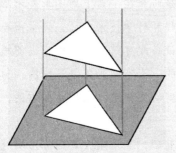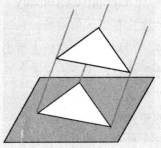

本课程主要用到的就是平行投影法。

工程制图就是按照画法几何的投影原理，遵循国标规定的制图规范，利用绘
图工具软件如AutoCAD等，进行工程设备设施的图样绘制。

任何设备及其构件的形状、大小和做法，都不是用普通语言或文字能表达清
楚的，必须按照一个统一的规定画出它们的图样，作为加工制造、装配施工、工
程技术人员交流的依据和设计师表达构思的手段。这个统一的规定就是国标，众
多的相关国标就构成了工程制图的基础理论。

第一章　点、直线、平面的投影

学过高中《立体几何》即可知道，任何一个空间的点，必须要有三维坐标才能确定其空间位置。本课程的实质就是把这个三维坐标用图形形式画出来。

本章必须掌握的内容有：投影的原理，即长对正、宽相等、高平齐；点、直线、平面的投影，尤其是特殊位置直线、特殊位置平面的投影，及它们之间的相互位置关系的表达。

第一节　点的投影

一、点在一个投影面上的投影

过空间点A的投射线与投影面P的交点即为点A在P面上的投影。如图1.1（a）、（b）所示。

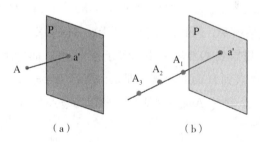

（a）　　　　　　　　　（b）

图1.1　点在一个投影面上的投影

从图1.1中可以看出：点在一个投影面上的投影不能确定点的空间位置。

那这个问题怎么解决呢？答案是采用多面投影。

二、点在两投影面体系的投影

两投影面体系由互相垂直相交的两个投影面组成，其中一个为水平投影面（简称水平面），以 H 表示，另一个为正立投影面（简称正面），以 V 表示。两投影面的交线称为投影轴，以 OX 表示。如图1.2所示，按正投影法将空间点A向正面和水平面投射，即由点 A 向正面作垂线，得垂足 a′，则 a′称为空间点 A 的正面投影；由点 A 向水平面作垂线，得垂足 a，则 a 称为空间点 A 的水平投影。画出点 A 的正面投射线 Aa′ 和水平投射线 Aa 所确定的平面 Aaa′ 与 V、H 面的交线 a′a$_x$ 和 aa$_x$。

以上需要注意的是注写规定：空间点用大写字母表示，如 A、B、C……；点的水平投影用相应的小写字母表示，如 a、b、c……；点的正面投影用相应的小写字母加一撇表示，如 a′、b′、c′……。

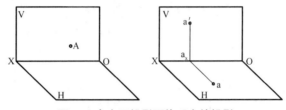

图1.2　点在两投影面体系中的投影

点的两面投影特性主要有5个。

①一点的水平投影和正面投影的连线垂直于 OX 轴。

在图1.3（a）中，点 A 的正面投射线 Aa′ 和水平投射线 Aa 所确定的平面 Aaa′ 垂直于 V 和 H 面。根据初等几何知识，若三个平面互相垂直，其交线必互相垂直，所以有 aa$_x$⊥a′a$_x$、aa$_x$⊥OX 和 a′a$_x$⊥OX。当 a 随 H 面旋转重合于 V 面时，aa$_x$⊥OX 的关系不变。因此，在投影图上，aa′⊥OX。

②一点的水平投影到 OX 轴的距离等于该点到 V 面的距离；其正面投影到 OX 轴的距离等于该点到 H 面的距离，即 aa$_x$=Aa′，a′a$_x$=Aa。

在图1.3（a）中，因为 Aaa$_x$a′ 是矩形，所以 aa$_x$=Aa′，a′a$_x$=Aa。

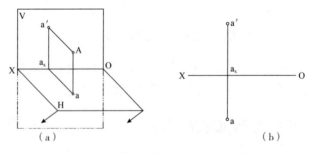

（a）　　　　　　　　　（b）

图1.3　点在两投影面体系中的投影规律

③空间点 A，其水平投影 a 在 OX 轴下方，正面投影 a′ 在 OX 轴上方。如图1.3（b）所示。

④点在各投影面内的投影情况如下：

1）H面内点M，其水平投影m与该点（M）重合，正面投影m′在OX轴上。

2）V面内点L，其水平投影l在OX轴上，正面投影l′与该点（L）重合。

如图1.4所示，投影面内点的投影特点为：点在其所在的投影面上的投影与该点重合；点的另一投影在OX轴上。

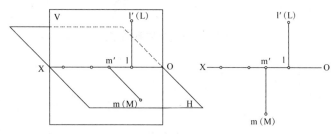

图1.4　投影面内点的投影

⑤点在投影轴上的投影情况如下：

点在投影轴上，其水平投影和正面投影与该点重合。即 G 点在 OX 轴上，其水平投影 g 和正面投影 g′与点 G 重合于 OX 轴上。如图1.5所示。

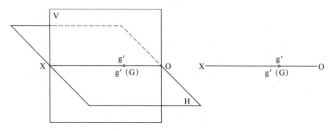

图1.5　投影轴上点的投影

三、点在三投影面体系的投影

1. 三投影面体系的建立

如图1.6所示，三投影面体系是在 V⊥H 两投影面体系的基础上，增加一个与 V、H 投影面都垂直的侧立投影面W（简称侧面）组成的。三个投影面互相垂直相交，其交线称为投影轴，V 面和 H 面的交线为OX轴，H 面和 W 面的交线为 OY 轴，V 面和 W 面的交线为 OZ 轴。OX、OY、OZ 轴垂直相交于一点 O，称为原点。本章只在第一分角内研究各种问题。

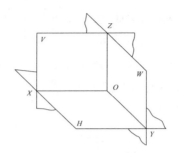

图1.6　三投影面体系的建立

2. 点的三面投影

（1）投影

如图1.7（a）所示，设空间点 A 处于第一分角，按正投影法将点 A 分别向 H、V、W 面作垂线，其垂足即为点 A 的水平投影 a、正面投影 a′和侧面投影 a″（点的侧面投影用相应的小写字母加两撇表示）。

（2）投影面展开

如图1.7（b）所示，为了把空间点 A 的三面投影表示在一个平面上，保持 V 面不动，H 面绕 OX 轴向下旋转 90° 与 V 面重合；W 面绕 OZ 轴向右旋转 90° 与 V 面重合。在展开过程中，OX 轴和 OZ 轴位置不变，OY 轴被"一分为二"，其中随 H 面向下旋转与 OZ 轴重合的一半，用 OY_H 表示；随 W 面向右旋转与 OX 轴重合的一半，用 OY_W 表示。

（3）擦去边界，得到点的三面投影图

如图1.7（c）所示，擦去投影面边界线，则得到A点的三面投影图。

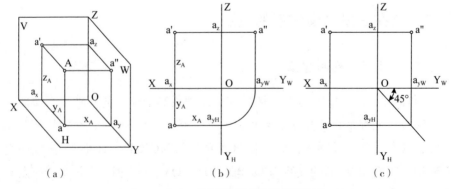

（a）　　　　　　　　　　（b）　　　　　　　　　　（c）

图1.7　点在三投影面体系中的投影规律

3. 点的三面投影规律

如图1.7所示，三投影面体系可以看成由 V⊥H、V⊥W 两个两投影面体系组成。根据点在两投影面体系中的投影规律，可知点在三投影面体系中的投影规律为：

①点的正面投影和水平投影的连线垂直于 OX 轴，即 a′a ⊥OX；

②点的正面投影和侧面投影的连线垂直于 OZ 轴，即 a′a″⊥OZ；

③点的垂直投影到OX 轴的距离和点的侧面投影到 OZ 轴的距离都等于该点到 V 面的距离，即aa$_x$=a″a$_z$=Aa′。

为了保持点的三面投影之间的关系，作图时应使 aa′⊥OX、a′a″⊥OZ。而 aa$_x$=a″a$_z$ 可用图1.7（b）所示的以 O 为圆心、aa$_x$ 或 a″a$_z$为半径的圆弧，或用图1.7（c）所示的过 O 点与水平成45°的辅助线来实现。

从图1.7（b）和 1.7（c）中可以总结出点的投影原理，即**长对正、高平齐、宽相等**，也叫**等长、等高、等宽**。

4. 两点的相对位置

两点的相对位置是指以两点中的一点为基准，另一点相对该点的左右、前后和上下的位置。点的位置由点的坐标确定，两点的相对位置则由两个点的坐标差确定。

如图 1.8（a）所示，空间有两个点 A（x$_A$，y$_A$，z$_A$）、B（x$_B$，y$_B$，z$_B$）。若以 B 点为基准，则两点的坐标差为 Δx$_{AB}$=x$_A$−x$_B$、Δy$_{AB}$=y$_A$−y$_B$、Δz$_{AB}$=z$_A$−z$_B$。x 坐标差确定两点的左右位置，y 坐标差确定两点的前后位置，z 坐标差确定两点的上下位置。三个坐标差均为正值，则点 A 在点 B 的左方、前方、上方。从图1.8（b）看出，三个坐标差可以准确地反映在A和B这两点的投影图中。

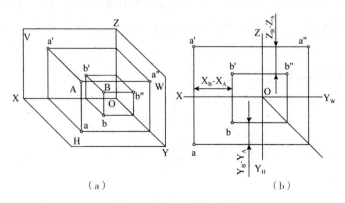

（a） （b）

图 1.8 两点的相对位置

5. 重影点

当两点位于某一投影面的同一条投射线上时，这两点在该投影面上的投影重合，称这两点为对该投影面的重影点。显然，两点在某一投影面上的投影重合时，它们必有两对相等的坐标。

如图 1.9（a），A、B 两点位于 V 面的同一条投射线上，它们的正面投影 a′、b′重合，称 A、B 两点为对 V 面的重影点，这两点的 x、z 坐标分别相等，y 坐标不等。同理，C、D 两点位于 H 面的同一条投射线上，它们的水平投影 c、d 重合，称 C、D 两点为对 H 面的重影点，它们的 x、y 坐标分别相等，z 坐标不等。

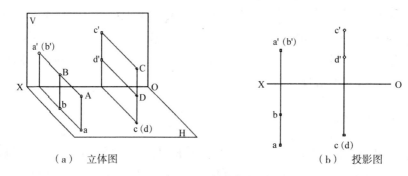

（a）　立体图　　　　　　　　（b）　投影图

图1.9　重影点

由于重影点有一对坐标不相等，所以，在重影的投影中，坐标值大的点的投影会遮住坐标值小的点的投影，即坐标值大的点的投影可见，坐标值小的点的投影不可见。在投影图中，对于重影的投影，在不可见点投影的字母两侧画上圆括号。如图 1.9（b），A、B 两点为对 V 面的重影点，它们的正面投影重合，$y_A >$ y_B，点 A 在点 B 的前方，a′可见，表示为 a′；b′不可见，表示为（b′）。C、D 两点为对 H 面的重影点，它们的水平投影重合，$z_C > z_D$，点 C 在点 D 的上方，c 可见，表示为 c；d 不可见，表示为（d）。

【例题】已知点的两个投影，求第三个投影。

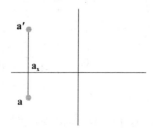

解:

方法一：

通过作45°线，使a″a_z=aa_x

方法二：

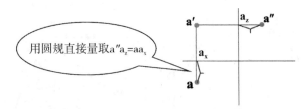

用圆规直接量取a″a_z=aa_x

【例题】已知空间点A的坐标为X=20，Y=15，Z=20，也可写成A（20，15，20），求A点的三个投影。

解:

第一步：在OX轴上从O点向左量取20，定出a_x，过a_x作OX轴的垂线。

第二步：在OZ轴上从O点向上量取20，定出a_z，过a_z作OZ轴的垂线，与OX轴垂线的交点即为a′。

第三步：在a′a_x轴的延长线上，从a_x向下量取15得a，在a′a_z的延长线上，从a_z向右量取15得a″。a′、a、a″即为A点的三投影。

结果如下图所示。

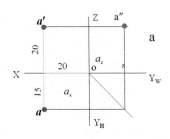

第二节　直线的投影

空间直线由不重合的两个点确定。直线的方向可用直线对三个投影面的倾角表示。直线对 H、V、W 面的倾角分别为 α、β、γ，如图1.10所示。

　　直线的投影一般仍为直线，特殊情况下积聚为一点。要作一条直线的三面投影图，只要作出该直线的两个端点 A、B 的三面投影，求出 A、B 两点的三面投影，然后将两点的同面投影连接起来，即得直线的三面投影 ab、a'b'、a"b"。由直线的投影可以确定该直线的空间情况。图1.10（b）中的点A在点B的右、后、上方，由此可以定性地得知，在空间直线由端点B到端点A是从左、前、下方到右、后、上方，如图1.10（a）所示。

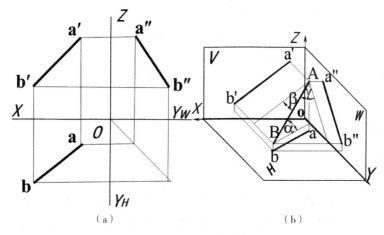

（a）　　　　　　　　　　（b）

图1.10　一般位置直线

直线对一个投影面的投影特性如下图所示。

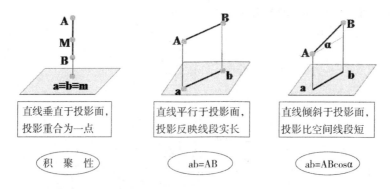

直线垂直于投影面，投影重合为一点　　　直线平行于投影面，投影反映线段实长　　　直线倾斜于投影面，投影比空间线段短

积　聚　性　　　　　　ab=AB　　　　　　ab=ABcosα

一、各种位置直线的投影

　　直线根据其对投影面的位置不同，可以分为三类：一般位置直线、投影面的垂直线和投影面的平行线，其中后两类直线统称为特殊位置直线。

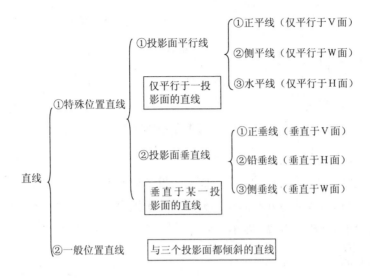

1. 一般位置直线

一般位置直线是指对三个投影面既不垂直又不平行的直线。如图1.10所示，直线 AB 对 H、V 和 W 面均处于既不垂直又不平行的位置，AB 为一般位置直线。直线AB 的三个投影长与其实长的关系如下：

$$ab=AB\cos\alpha; \quad a'b'=AB\cos\beta; \quad a''b''=AB\cos\gamma$$

由于一般位置直线对三个投影面的倾角 α、β、γ 既不等于 0° 也不等于 90°，所以，其 cosα、cosβ 和 cosγ 均大于 0 且小于 1，因此，AB 的各投影长都小于该直线的实长。

一般位置直线的投影特性为：三个投影都倾斜于投影轴，既不反映直线的实长，也不反映对投影面的倾角。

2. 投影面的垂直线

投影面的垂直线是指垂直于某一个投影面的直线。在三投影面体系中有三个投影面，因此这类直线有三种：铅垂线——垂直于 H 面的直线，正垂线——垂直于 V 面的直线，侧垂线——垂直于 W 面的直线。

在三投影面体系中，投影面的垂直线垂直于某个投影面，它必然同时平行于其他两投影面，所以这类直线的投影具有反映直线实长和积聚的特点。

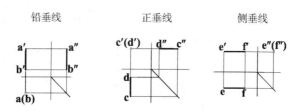

图1.11　投影面的三种垂直线

总之，投影面垂直线的投影特性为：

①投影面垂直线在所垂直的投影面上的投影积聚为一点；

②投影面垂直线的另外两面投影分别垂直于该直线垂直的投影面所包含的两个投影轴，且均反映此直线的实长。

3. 投影面的平行线

投影面的平行线是指只平行于某一个投影面的直线。因为在三投影面体系中有三个投影面，所以这类直线有三种：水平线——只平行于 H 面的直线，正平线——只平行于 V 面的直线，侧平线——只平行于 W 面的直线。

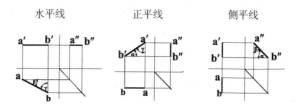

图1.12　投影面的三种平行线

在三投影面体系中，投影面的平行线只平行于某一个投影面，与另外两个投影面倾斜。这类直线的投影具有反映直线实长和对投影面倾角的特点，没有积聚性。

总之，投影面平行线的投影特性为：

①投影面平行线在所平行的投影面上的投影反映直线的实长，此投影与该投影面所包含的投影轴的夹角反映直线对其他两个投影面的倾角；

②投影面平行线的另外两面投影分别平行于该直线平行的投影面所包含的两个投影轴。

二、直线与点、直线的相对位置

1. 直线与点的相对位置

定比定理：点属于直线，则点的各投影必属于该直线的同面投影，且点分直线长度之比等于其投影长度之比。

直线与点的相对位置判别方法：

①如图1.13，若点在直线上，则点的投影必在直线的同名投影上，并将线段的同名投影分割成与空间相同的比例，即：

$$AC/CB=ac/cb=a'c'/c'b'$$

②若点的投影有一个不在直线的同名投影上，则该点必不在此直线上；

③反之，若点的各投影分别属于直线的同面投影，且分直线的各投影长度之比相等，则该点必属于该直线。

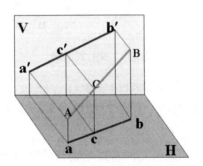

图1.13　直线与点的相对位置

【例题】如下图所示，判断点K是否在线段AB上。

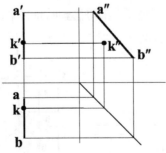

解： 因k″不在a″b″上，故点K不在AB上。

本题也可用定比定理进行判断。

2. 直线与直线的相对位置

空间中两直线的相对位置有三种情况：平行、相交和交叉。其中平行和相交的两直线均在同一平面上，交叉的两直线不在同一平面上，因此又称为异面直线。

（1）平行

若空间两直线互相平行，则其同面投影都平行，且投影长度之比相等，端点字母顺序相同；反之，若两直线的同面投影都平行，则空间两直线互相平行。

如图1.14所示，因为 AB∥CD，则 ab∥cd、a′b′∥c′d′，且 ab∶cd=a′b′∶c′d′。

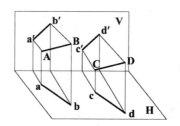

图1.14 平行两直线

如果从投影图上判定两条直线是否平行，对于一般位置的直线和投影面垂直线，只要看它们的任意两个同面投影是否平行即可。例如图1.14中，因为 ab∥cd、a′b′∥c′d′，则 AB∥CD。

对于投影面平行线，如果已知两直线不平行的两个投影面上的投影，则可以利用以下两种方法判断：

①判断两直线投影长度之比是否相等，端点字母顺序是否相同，若相等且同时相同则两直线平行。

②求出两直线所平行的投影面上的投影判断是否平行，若平行则两直线平行。

【例题】如下图（a），判断下图中两条直线是否平行。

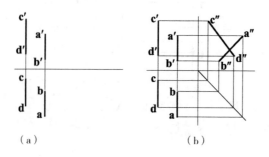

（a）　　　　　　　　　　（b）

解: 对于特殊位置直线，只有两个同名投影互相平行，空间直线不一定平行。如上图（b），求出侧面投影后可知：AB与CD不平行。

（2）相交

若空间两直线相交，则它们的各个同面投影亦分别相交，且交点的投影符合点的投影规律；反之，如果两直线的各个同面投影分别相交，且交点的投影符合点的投影规律，则两直线在空间必相交。

如图1.15所示，两直线AB、CD 交于K点；则其水平投影ab与cd交于k；正面投影a′b′与c′d′交于k′；kk′垂直于OX轴。

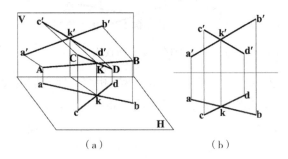

（a）　　　　　　　　　　（b）

图1.15　相交两直线

如果从投影图上判定两条直线是否相交，对于一般位置的直线和投影面垂直线，只要看它们的任意两个同面投影是否相交且交点的投影是否符合点的投影规律即可。例如图1.15（b）中，因为 ab 与 cd 交于 k，a′b′ 与 c′d′交于 k′，且kk′⊥OX，则空间 AB 与 CD 相交。

当两直线中有一条为投影面平行线，且已知该直线不平行的两个投影面上的投影时，则可以利用定比关系或求第三投影的方法判断其是否相交。

【例题】 如下图（a），过C点作水平线CD与AB相交。

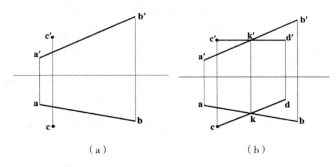

（a）　　　　　　　　　　（b）

解: 先作正面投影，结果如上图（b）所示。

（3）交叉

在空间既不平行又不相交的两直线称为交叉直线或异面直线。因此，在投影图上，既不符合两直线平行的投影特性又不符合两直线相交的投影特性的两直线，即为交叉直线。

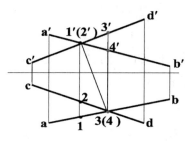

图1.16　交叉两直线

图1.16中，虽然 ab 与 cd 相交，a′b′与 c′d′相交，但它们的交点不符合点的投影规律，因此，直线 AB、CD 是交叉直线。ab 与 cd 的交点是直线 AB 和 CD 上的点Ⅲ和Ⅳ对 H 面的重影点，a′b′与 c′d′的交点是直线AB 和 CD 上的点Ⅰ和Ⅱ对 V 面的重影点。

交叉两直线可能有一对或两对同面投影互相平行，但绝不会三对同面投影都平行。交叉两直线可能有一对、两对甚至三对同面投影相交，但是同面投影的交点绝不符合点的投影规律。

（4）直角投影定理

直角投影定理：空间互相垂直的两直线，如果其中有一条直线平行于某一投影面，则两直线在该投影面的投影仍为直角。反之，若两直线在某投影面上的投影互相垂直，且其中一直线平行于该投影面，则两直线在空间必互相垂直。

如图1.17（a）所示，AB、BC 为相交成直角的两直线，其中 BC 为水平线，AB 为一般位置直线。因为 BC⊥Bb，BC⊥AB，所以 BC 垂直于平面 ABba；又因为 BC∥bc，所以 bc 也垂直于平面 ABba。根据立体几何定理，bc 垂直于平面 ABba 上的所有直线，故 bc⊥ab，其投影图如图1.17（b）所示。

如图1.17（b）所示，因为 bc⊥ab，同时 BC 为水平线，则空间两直线 AB⊥BC。

直角投影定理不仅适用于相交两直线，同样也适用于交叉两直线。

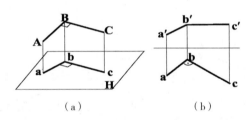

图1.17　垂直相交两直线的投影

【例题】如下图（a），过C点作直线与正平线AB垂直相交。

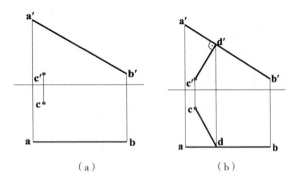

（a）　　　　　　　　　（b）

解：AB为正平线,正面投影反映直角。结果如上图（b）所示。

第三节　平面的投影

将平面进行投影时，根据平面的几何形状特点及其对投影面的相对位置，找出能够决定平面的形状、大小和位置的一系列点来，然后作出这些点的三面投影并连接这些点的同面投影，即得到平面的三面投影。

一、平面的表示法

在空间中平面可以无限延展，几何上常用确定平面的空间几何元素来表示平面，平面的投影也可以用确定该平面的几何元素的投影来表示。在投影图中表示平面主要有两种方法：一般几何元素表示法和迹线表示法。

1.一般几何元素表示法

如图1.18所示，在投影图上，平面的投影可以用下列任何一组几何元素的投影来表示。

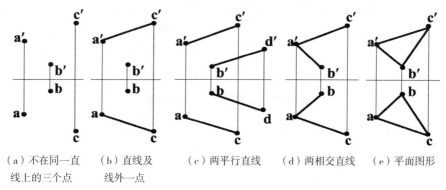

<table>
<tr><td>（a）不在同一直
线上的三个点</td><td>（b）直线及
线外一点</td><td>（c）两平行直线</td><td>（d）两相交直线</td><td>（e）平面图形</td></tr>
</table>

图1.18　用几何元素的投影表示平面的投影

表示平面的形式通常有5种：

①不在同一直线上的三个点，如图1.18（a）所示；

②一直线与该直线外的一点，如图1.18（b）所示；

③平行两直线，如图1.18（c）所示；

④相交两直线，如图1.18（d）所示；

⑤任意平面图形（如三角形，圆等）如图1.18（e）所示。

这5种形式都是从第一种演变而来，它们之间可以互相转换。

2.迹线表示法

还可以用迹线表示法来表示平面。平面与投影面的交线称为平面的迹线，迹线是属于平面的一切直线迹点的集合。

二、平面对一个投影面的投影特性

平面对一个投影面的投影特性有三种情况：平行、垂直和倾斜，见下图。

三、各种位置平面的投影

平面根据其对投影面的相对位置不同，可以分为三类：一般位置平面、投影面的垂直面和投影面的平行面，其中后两类统称为特殊位置平面。

表1.1　　　　　　　　平面按对投影面的相对位置分为三类

平面分类		平面对投影面的相对位置	
一般位置平面		与三个投影面都倾斜 （∠V面、∠H面、∠W面）	
特殊位置平面	投影面垂直面	只垂直于一个投影面	正垂面（⊥V面）
			铅垂面（⊥H面）
			侧垂面（⊥W面）
	投影面平行面	平行于一个投影面，垂直于另外两个投影面	正平面（∥V面）
			水平面（∥H面）
			侧平面（∥W面）

1. 一般位置平面

一般位置平面是指对三个投影面既不垂直又不平行的平面，如图1.19（a）所示。平面与投影面的夹角称为平面对投影面的倾角，平面对 H、V 和 W 面的倾角分别用 α、β 和 γ 表示。由于一般位置平面对 H、V 和 W 面既不垂直也不平行，所以它的三面投影既不反映平面图形的实形，也没有积聚性，均为类似形，如图1.19（b）所示。

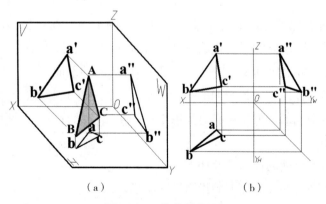

（a）　　　　　　　　　　（b）

图1.19　一般位置平面

2. 投影面的垂直面

投影面的垂直面是指只垂直于某一投影面的平面。在三投影面体系中有三个投影面，所以投影面的垂直面有三种：铅垂面——只垂直于 H 面的平面；正垂面——只垂直于 V 面的平面；侧垂面——只垂直于 W 面的平面。

在三投影面体系中，投影面的垂直面只垂直于某一个投影面，与另外两个投影面倾斜。这类平面的投影具有积聚的特点，能反映对投影面的倾角，但不反映平面图形的实形。如图1.20所示。

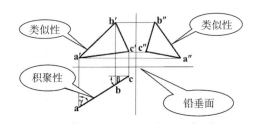

图1.20　投影面的垂直面

投影面的垂直面的投影特性如下：

①在它垂直的投影面上的投影积聚成直线，该直线与投影轴的夹角反映空间平面与另外两个投影面夹角的大小。

②另外两个投影面上的投影有类似性。

3. 投影面的平行面

投影面的平行面是指平行于某一个投影面的平面。在三投影面体系中有三个投影面，所以投影面的平行面有三种：水平面——平行于 H 面的平面；正平面——平行于 V 面的平面；侧平面——平行于 W 面的平面。

在三投影面体系中，投影面的平行面平行于某一个投影面，与另外两个投影面垂直。这类平面的一面投影具有反映平面图形实形的特点，另两面投影有积聚性。如图1.21所示。

投影面的平行面的投影特性如下：

①在它所平行的投影面上的投影反映实形。

②另两个投影面上的投影分别积聚成与相应的投影轴平行的直线。

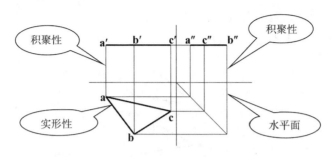

图1.21　投影面的平行面

四、平面与点、直线、平面的相对位置

1. 平面上的点和线

点在面上，则点在面内的线上。反之亦然。

直线在平面上，则直线过面内二已知点或过面内一点且平行于面内一直线。反之亦然。

【例题】补全平面图形的正面投影，如下图（a）所示。

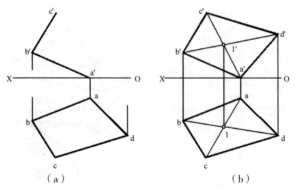

（a）　　　　　（b）

解：如上图（b）所示。

2. 平面上取任意直线

对于平面上取任意直线，有如下两个定理：

①若一直线过平面上的两点，则此直线必在该平面内。

②若一直线过平面上的一点，且平行于该平面上的另一直线，则此直线在该平面内。

这两个定理也是判断直线是否在平面内的方法。

【例题】已知平面由直线AB、AC所确定，试在平面内任作一条直线。

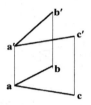

解：

解法一：根据定理一可得　　　　　　　　解法二：根据定理二可得

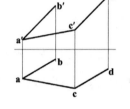

故该题有无数解。

【例题】如下图（a），在平面ABC内作一条水平线，使其到H面的距离为10。

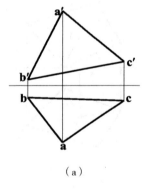
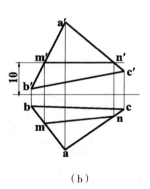

（a）　　　　　　　　　　　　（b）

解：如上图（b）所示。

该题有唯一解。

3. 平面上取点

平面上取点的方法：先找出过此点而又在平面内的一条直线作为辅助线，然后再在该直线上确定点的位置。

【例题】已知K点在平面ABC上，求K点的水平投影。

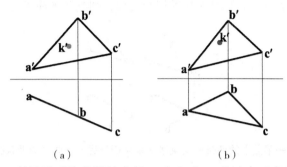

（a）　　　　　　　　（b）

解： 对（a），利用平面的积聚性求解。对（b），通过在面内作辅助线求解。

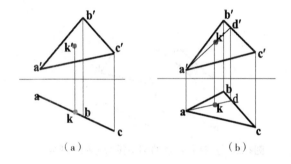

（a）　　　　　　　　（b）

4.直线、平面的相对位置关系

（1）平行关系

①直线与平面平行。直线与平面平行的几何条件是：如果平面外的一直线和这个平面上的任一直线平行，则此直线平行于该平面，反之亦然。

【例题】如下图（a），过M点作直线MN平行于平面ABC。

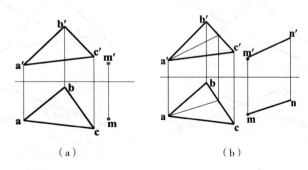

（a）　　　　　　　　（b）

解： 如上图（b）所示。

该题有无数解。

②平面与平面平行。平面与平面平行的几何条件是：如果一平面上的两条相交直线分别平行于另一平面上的两条相交直线，则此两平面平行。如图1.22所示。

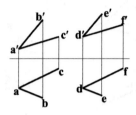

图1.22　一平面上的两条相交直线分别平行于另一平面上的两条相交直线

若两投影面垂直面相互平行，则它们具有积聚性的那组投影必相互平行。如图1.23所示。

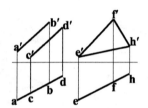

图1.23　具有积聚性的那组投影必相互平行

（2）相交关系

①直线与平面相交。直线与平面相交的交点是直线与平面的共有点。求交点，判断可见性。交点是可见与不可见的分界点。

【例题】如下图（a），求直线MN与平面ABC的交点K并判别可见性。

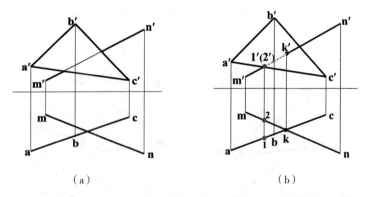

（a）　　　　　　　　　　　（b）

　　解：平面ABC是一铅垂面，其水平投影积聚成一条直线，该直线与mn的交点即为K点的水平投影。结果如上图（b）所示。

②两平面相交。两平面相交的交线为直线，交线是两平面的共有线，同时交线上的点都是两平面的共有点。求交线，判断可见性。交线是可见与不可见的分界线。

【例题】如下图（a）所示，求两平面的交线MN并判别可见性。

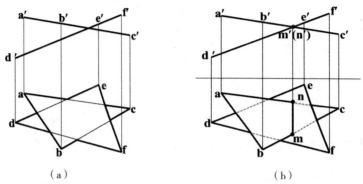

（a） （b）

解：平面ABC与DEF都为正垂面，它们的正面投影都积聚成直线。交线必为一条正垂线，只要求得交线上的一个点便可作出交线的投影。结果见上图（b）。

练 习

1. 已知B与A的距离为15；C与A是V面的重影点；D 在A的正下方20。补全它们的诸投影，并表明可见性。

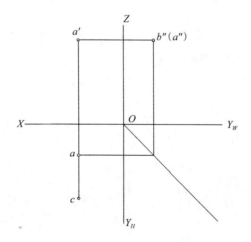

2. 作点的三面投影：A（25，15，20）；B距W、V、H分别为20、10、15；C在A之左10，在A之前15；在A之上12。

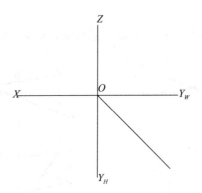

3. 已知点A（10，15，20），B点在A点在上方5，左方10，后方15。求A、B两点的三面投影。

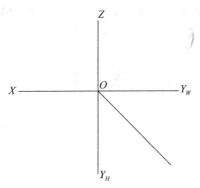

4. 已知A点在H面上，距离W投影面15，距离V投影面20，B点在A点在上方15，左方8，后方7。求A、B两点的三面投影。

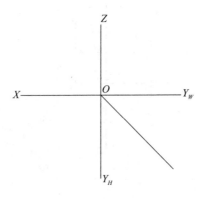

5. 作直线的三面投影。

①AB是水平线，β=30°，长20，从A向左向前；②正垂线CD，从C向后长15。

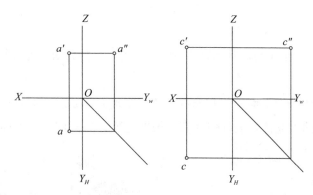

6. 过C点作直线与AB垂直相交。

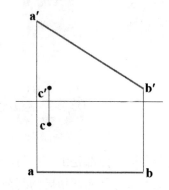

7. 作平面四边形ABCD的投影。

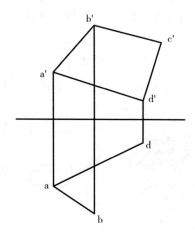

第二章　立体的投影

实际生活中所有的物体可以说都是由基本几何体及其截切体或相交体组成的。

基本几何体分为平面立体和曲面立体，平面立体是表面都是平面的立体，如棱柱、棱锥；曲面立体是表面包含有曲面的立体，如圆柱、圆锥和圆球等。

平面基本体　　　　　　　　　曲面基本体

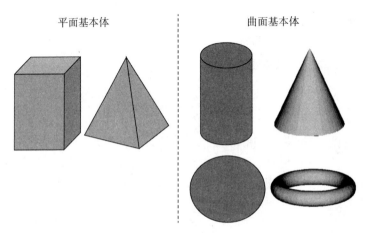

各种形状的机件虽然复杂多样，但都是由一些简单的基本体经过叠加、切割或相交等形式组合而成的。基本体被平面截切后的剩余部分，就称为截切体。基本体相交后得到的立体，也叫相贯体。它们由于被截切或相交，会在表面上产生相应的截交线或相贯线。了解它们的性质及投影画法，将有助于我们对机件形状结构的正确分析与表达。

本章将介绍这些基本几何体及其截切体和相交体的三面投影问题。

所谓体的投影，实质上是构成该体的所有表面的投影总和，如下图所示。

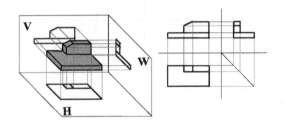

所谓视图，就是将物体向投影面投射所得的图形。其中，主视图是指体的正面投影，俯视图是指体的水平投影，左视图是指体的侧面投影。

三视图之间的长、宽、高对应关系如下图所示。

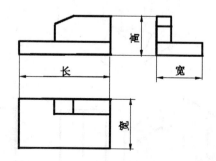

这些对应关系还可总结成如下规律，简称为"三等"关系。

①主视俯视长相等且对正——长对正；

②主视左视高相等且平齐——高平齐；

③俯视左视宽相等且对应——宽相等。

第一节　平面基本体的投影

画平面立体的投影就是把组成它的平面和棱线的投影画出来，并判别可见性。多边形是平面立体的轮廓线，分别是平面立体的每两个多边形平面的交线。当轮廓线的投影为可见时，画粗实线；不可见时，画细虚线；当粗实线与细虚线重合时，仍然画粗实线。

一、棱柱

1.棱柱的投影

如图2.1所示，正棱柱由顶面、底面和各侧棱面组成，在俯视图中反映了实际图形。

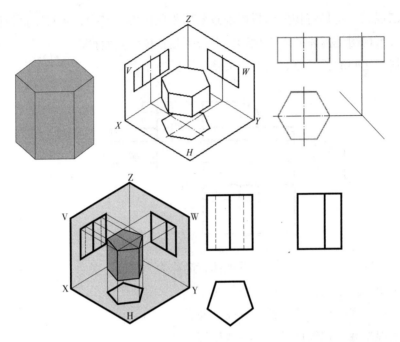

图2.1　棱柱及其三面投影

2.棱柱表面取点

由于棱柱表面都是平面，所以在棱柱表面上的取点与平面上的取点方法相同。若点所在平面的投影可见则点的投影可见，若平面的投影集聚成直线则点的投影可见。

【例题】如下图（a）所示，画出A、B两点在表面上剩余的投影。

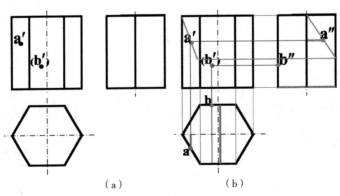

（a）　　　　　（b）

解：结果如上图（b）所示。

【例题】如下图（a）所示，已知棱柱表面上 M 点的正面投影 m′，求其水平投影 m 和侧面投影 m″。

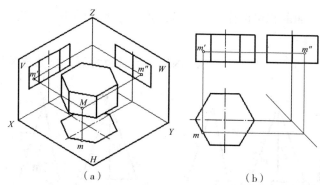

（a）　　　　　　　　（b）

解： 由于 m′ 可见，所以 M 点在立体的左前棱面上，棱面为铅垂面，其水平投影具有积聚性。M 点的水平投影 m 必在其水平投影上。所以，由 m′ 按投影规律可得 m，再由 m′ 和 m 可求得 m″。见上图（b）。

二、棱锥

1. 棱锥的投影

图2.2为一正三棱锥，它由底面△ABC 和三个棱面 SAB、SBC、SAC 组成。棱锥的底△ABC 是一个水平面，它的水平投影△abc 反映△ABC 的实形，正面和侧面投影积聚成水平直线段；棱面 SAC 为侧垂面，侧面投影积聚成一直线段，水平和正面投影不反映实线；棱面 SAB 和 SBC 为一般位置平面，即与三个投影面均倾斜，所以三个投影既没有积聚性也不反映实形。底边 AB、BC 为水平线，CA 为侧垂线、棱线 SB 为侧平线，棱线 SA、SC 为一般位置直线。

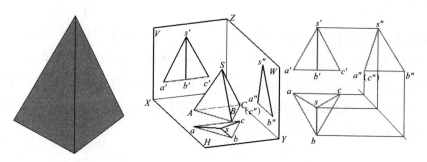

图2.2　正三棱锥的投影及其三视图

2. 棱锥的表面取点

组成棱锥的表面既有特殊位置平面，也有一般位置平面。特殊位置平面上点的投影可利用平面的积聚性作图，一般位置平面上点的投影，可选取适当的辅助直线作图。

【例题】 如下图（a），已知K、N两点的正面投影，求其他投影。

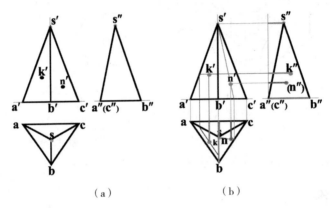

（a）　　　　　　（b）

解： 结果如上图（b）所示。

第二节　曲面基本体的投影

常见的曲面立体有圆柱、球和圆锥，这些立体的特点都是具有光滑连续的回转面。

一、圆柱

1. 形成

如图2.3，以矩形的一边所在直线为旋转轴，其余三边旋转360°形成的曲面所围成的几何体叫作圆柱，即AG矩形的一条边为轴，旋转360°所得的几何体就是圆柱。其中AG叫作圆柱的轴，AG的长度叫作圆柱的高，无论旋转到什么位置，不垂直于轴的边都叫作圆柱的母线DD′。DA和D′G旋转形成的两个圆叫作圆柱的底面，DD′旋转形成的曲面叫作圆柱的侧面。

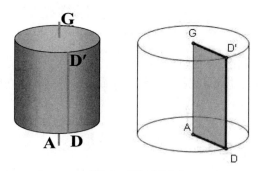

图2.3 圆柱的形成

2.投影

图2.4（a）所示为一轴线水平放置的圆柱，其轴线为侧垂线，圆柱由圆柱面和左右两底面组成。由于圆柱轴线垂直于侧面，所以圆柱面的侧面投影积聚成一个圆，同时此投影也是两底面的投影；在正面投影和水平投影上，两底面的投影各积聚成一条直线段，而圆柱面的投影要分别画出决定其投影范围的外形轮廓线的投影，该线也是圆柱面上可见和不可见部分的分界线。

从图中看出，圆柱面上端的素线和下端的素线处于正面投射方向的外形轮廓位置，称为正面投射轮廓线，它们的正面投影即为正面投影轮廓线；前端的素线CC和后端的素线 DD处于水平投射方向的外形轮廓位置，称为水平投射轮廓线，其水平投影cc、dd即为水平投影轮廓线。

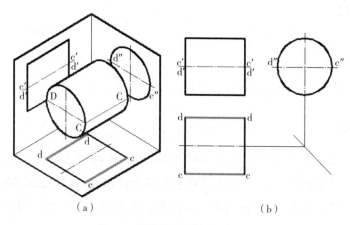

（a） （b）

图2.4 圆柱投影及其表面取点

画图时应注意：回转体的投射轮廓线与投射方向有关。cc 和dd是圆柱的水平投影轮廓线，用粗实线画出，c'c'和d'd'则不画出。从图2.4（a）可以看出，以上下边界为界，前半圆柱面的正面投影可见，后半圆柱面不可见；以CC、DD为界，上半圆柱面的水平投影可见，下半圆柱面不可见，由此可判断此圆柱面上点、线的可见性。

3.圆柱表面取点、取线

图2.4（b）中，由于圆柱面上每一条素线都垂直于侧面，所以圆柱面的侧面投影有积聚性，凡是在圆柱面上的点和线的侧面投影一定与圆柱面的侧面投影（圆）重合。因此在圆柱面上取点、取线可以利用积聚性求解。

【例题】如下图（a），请在圆柱面上取点。

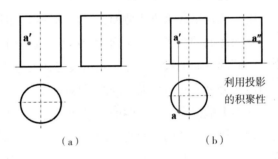

（a）　　　　　　　　（b）

解：如上图（b）所示。

二、球

1.形成

球可以看作是一圆母线绕其直径旋转所形成的立体。

2.投影

如图2.5所示，球由单纯的球面形成，它的三个投影均为圆，其直径与球的直径相等，三个投影（圆）分别是球面上三个投射方向的投影轮廓线。正面投影轮廓线（圆）是平行于V面的大圆的投影；水平投影轮廓线（圆）是平行于H面的大圆的投影；侧面投影轮廓线（圆）是平行于W面的大圆的投影。

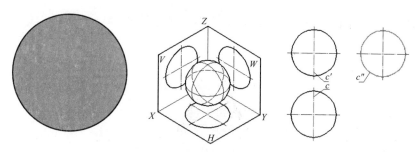

图2.5 球的投影及其表面取点

该球的正面投影是用粗实线画出的c′圆，水平投影用粗实线画出c圆，侧面投影用粗实线画出c″圆。正面投影以c′圆为界，前半球面可见，后半球面不可见；水平投影以c圆为界，上半球面可见，下半球面不可见；侧面投影以c″圆为界，左半球面可见，右半球面不可见。

3. 球表面取点

【例题】 如下图（a）所示，已知球面上K点的一个投影，求其余投影。

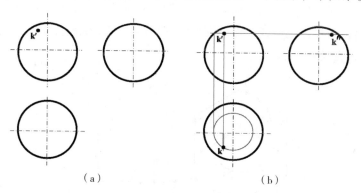

（a） （b）

解： 球的三个投影均无积聚性，在球面上取点只能用辅助圆法作图。作图思路如下：过K点作一平行于水平面的辅助圆，它的水平投影为过k点的圆，另两个投影为直线段。当然，过 K 点也可作一平行于正平面的正平圆或平行于侧面的侧平圆求解。结果见上图（b）。

三、圆锥

1. 圆锥的形成

如图2.6所示，以直线SA为母线，绕与它相交的轴线OO_1回转一周所形成的面称为圆锥面。圆锥面和锥底平面围成圆锥体，简称圆锥。

图2.6 圆锥面的形成

2. 圆锥的投影

图2.7所示为一正圆锥，锥轴线为铅垂线，底面为水平面，锥底平面的水平投影反映实形，是一个圆，圆锥面上点的水平投影都落在此圆内，因此该圆不是圆锥面的水平投影，即圆锥面无积聚性。在正面和侧面投影面上，锥底面的投影积聚成水平的直线段，圆锥面要分别画出其投影轮廓线，即圆锥面上可见与不可见部分的分界线的投影。圆锥面上左端素线和右端素线是正面投射轮廓线，其投影为圆锥面正面投影轮廓线；而前端素线和后端素线是侧面投射轮廓线，其投影为侧面投影轮廓线。

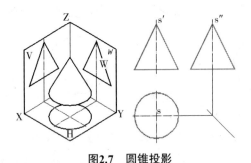

图2.7 圆锥投影

3. 圆锥表面取点

如图2.8（a）所示，已知K、N两点的正面投影，如何作出它们的水平投影和侧面投影呢？

由于圆锥面的三个投影都没有积聚性，因此其表面取点需要先作适当的辅助线：①辅助直线；②辅助圆。结果如图2.8（b）所示。

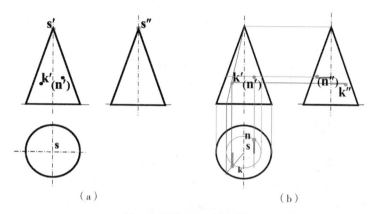

图2.8　圆锥投影表面取点

第三节　截切体的投影

一、截切体的有关概念及性质

如图2.9所示，圆柱被平面截为两部分，其中用来截切立体的平面称为截平面；立体被截切后的部分称为截切体；立体被截切后的断面称为截断面；截平面与立体表面的交线称为截交线。

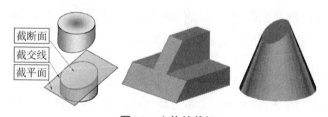

图2.9　立体的截切

尽管立体的形状不尽相同，分为平面立体和曲面立体，截平面与立体表面的相对位置也各不相同，由此产生的截交线的形状也千差万别，但所有的截交线都具有以下两点基本性质。

①共有性。截交线是截平面与立体表面的共有线，既在截平面上，又在立体表面上，是截平面与立体表面共有点的集合。

②封闭性。由于立体表面是有范围的，所以截交线一般是封闭的平面图形（平面多边形或曲线）。

　　根据截交线的性质求截交线，就是求出截平面与立体表面的一系列共有点，然后依次连接即可。

　　求截交线的方法，既可利用投影的积聚性直接作图，也可通过作辅助线的方法求出。

二、平面截切体

　　由平面立体截切得到的截切体，叫平面截切体。

　　因为平面立体的表面由若干平面围成，所以平面与平面立体相交时的截交线是一个封闭的平面多边形，多边形的顶点是平面立体的棱线与截平面的交点，多边形的每条边是平面立体的棱面与截平面的交线。因此求作平面立体上的截交线的方法，可以归纳为两种，即交点法和交线法。

　　①交点法：即先求出平面立体的各棱线与截平面的交点，然后将各点依次连接起来的方法。

　　连接各交点有一定的原则：只有两点在同一个表面上时才能连接，可见棱面上的两点用实线连接，不可见棱面上的两点用虚线连接。

　　②交线法：即求出平面立体的各表面与截平面的交线。

　　一般常用交点法求截交线的投影。两种方法不分先后，可配合运用。

　　求平面立体截交线的投影时，要先分析平面立体在未截割前的形状是怎样的，它是怎样被截割的，以及截交线有何特点等，然后再进行作图。

　　具体应用时通常利用投影的积聚性辅助作图。

1. 棱柱的截交线

　　【例题】如下图（a）所示，求作五棱柱被正垂面Pv截断后的投影。

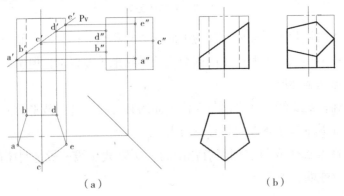

(a)　　　　　　　　　　　　　　(b)

解：（1）分析

因为截平面与五棱柱的五个侧棱面均相交，与顶面不相交，故截交线为五边形ABCDE。

（2）作圆

①由于截平面为正垂面，故截交线的V面投影a'b'c'd'e'已知；于是截交线的H面投影abcde亦确定；

②运用交点法，依据"主左视图高平齐"的投影关系，作出截交线的W面投影a"b"c"d"e"；

③五棱柱截去左上角，截交线的H和W投影均可见。截去的部分，棱线不再画出，但有侧棱线未被截去的一段，在W投影中应画为虚线。

（3）检查、整理、描深图线，完成全图

结果如上图（b）所示。

2. 棱锥的截交线

【**例题**】求作正垂面P截割四棱锥S-ABC所得的截交线。见下图（a）。

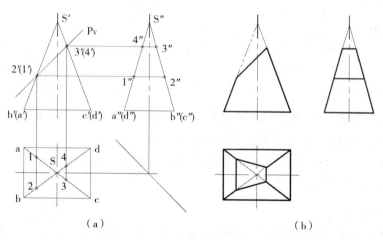

（a）　　　　　　　　　　　　　　（b）

解：（1）分析

①截平面P与四棱锥的四个棱面都相交，截交线是一个四边形；

②截平面P是一个正垂面，其正面投影具有积聚性；

③截交线的正面投影与截平面的正面投影重合，即截交线的正面投影已确定，只需求出水平投影。

（2）作图

①因为PV具有积聚性，所以PV与s′a′、s′b′、s′c′和s′d′的交点1′、2′、3′和4′即为空间点Ⅰ、Ⅱ、Ⅲ和Ⅳ的正面投影；

②利用从属关系，向下引铅垂线求出相应的点1、2、3和4；

③四边形1234为截交线的水平投影，线段1′2′3′4′为截交线的正面投影，各投影均可见。

（3）检查、整理、描深图线，完成全图

结果见上图（b）。

【例题】 如下图（a）所示，求作铅垂面Q截割正三棱锥S-ABC所得的截交线。

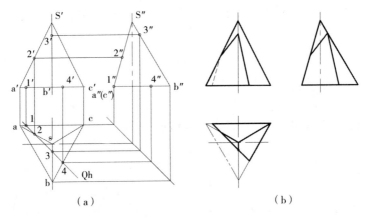

（a）　　　　　　　　　　　　　　（b）

解： （1）分析

①截平面Q与正三棱锥的三个棱面、一个底面都相交，截交线是一个四边形；

②截平面Q是一个铅垂面，其水平投影具有积聚性；

③截交线的水平投影与截平面的水平投影重合，即截交线的水平投影已确定，只需求出正面投影。

（2）作图

①因为QH具有积聚性，所以QH与ac、sa、sb、和bc的交点1、2、3和4即为空间点Ⅰ、Ⅱ、Ⅲ和Ⅳ的水平投影；

②利用从属关系，向上引铅垂线求出相应的点1′、2′、3′和4′；

③连接1′2′3′4′，四边形1′2′3′4′为截交线的正面投影，线段1′2′不可见，画成虚线，线段1234为截交线的水平投影。

（3）检查、整理、描深图线，完成全图

结果见上图（b）。

以上两道例题都是利用截平面投影的积聚性作图。

【例题】 如下图（a）所示，求四棱锥被截切后的俯视图和左视图。

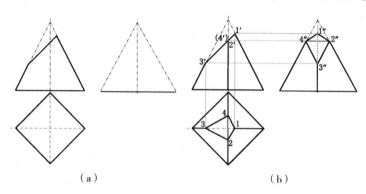

（a）   （b）

解： 结果如上图（b）所示。

3. 带缺口的平面立体的投影

绘制带缺口的立体的投影图，在工程制图中经常出现，这种制图的实质仍然是求平面截交立体的问题。

【例题】 如下图（a）所示，已知带有缺口的正六棱柱的V面投影，求其H面和W面投影。

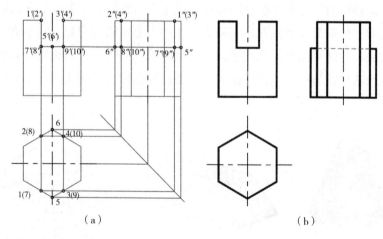

（a）   （b）

解：（1）分析

①从给出的V面投影可知，正六棱柱的缺口是由两个侧平面和一个水平面截割正六棱柱而形成的。只要分别求出三个平面与正六棱柱的截交线以及三个截平面之间的交线即可。

②这些交线的端点的正面投影为已知，只需补出其余投影。

③Ⅰ、Ⅱ、Ⅶ、Ⅷ四点是左边的侧平面与立体相交得到的点，Ⅲ、Ⅳ、Ⅸ、Ⅹ是右边的侧平面与立体相交得到的点，Ⅴ、Ⅵ两点为前后棱线与水平面相交得到上的点，其中直线Ⅶ、Ⅷ和Ⅸ、Ⅹ又分别是左右两侧平面与水平面相交所得的交线。

（2）作图

①利用棱柱各侧棱面的积聚性、点与直线的从属性及"主左视图高平齐"的投影关系依次作出各点的三面投影；

②连接各点，将在同一棱面又在同一截平面上的相邻点的同面投影相连；

③判别可见性，只有7″8″、9″10″交线不可见，画成虚线。

（3）检查、整理、描深图线，完成全图

结果见上图（b）所示。

三、曲面截切体

由曲面立体截切得到的截切体，叫曲面截切体。

平面与曲面立体相交，所得的截交线一般为封闭的平面曲线。截交线上的每一点，都是截平面与曲面立体表面的共有点。求出足够多的共有点，然后依次连接起来，即得截交线。截交线可以看作是截平面与曲面立体表面上交点的集合。

求曲面立体截交线的问题，实质上是在曲面上定点的问题，基本方法有素线法、纬圆法和辅助平面法。当截平面为投影面垂直面时，可以利用投影的积聚性来求点；当截平面为一般位置平面时，需要过所选择的素线或纬圆作辅助平面来求点。

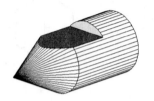

图2.10　回转体的截切

求平面与回转体的截交线的一般步骤：

（1）空间及投影分析

①分析回转体的形状以及截平面与回转体轴线的相对位置，以便确定截交线的形状；

②分析截平面与投影面的相对位置，明确截交线的投影特性，如积聚性、类似性等。找出截交线的已知投影，预见未知投影。

（2）画出截交线的投影

当截交线的投影为非圆曲线时，其作图步骤为：

①先找特殊点，补充中间点；

②将各点光滑地连接起来，并判断截交线的可见性。

1. 圆柱的截交线

平面与圆柱面相交，根据截平面与圆柱轴线相对位置的不同，所得的截交线有三种情况，见图2.11。

①当截平面垂直于圆柱的轴线时，截交线为一个圆（见图2.11（a））；

②当截平面倾斜于圆柱的轴线时，截交线为椭圆（见图2.11（b）），此椭圆的短轴平行于圆柱的底圆平面，它的长度等于圆柱的直径；椭圆长轴与短轴的交点（椭圆中心），落在圆柱的轴线上，长轴的长度随截平面相对轴线的倾角不同而变化，见图2.12；

③当截平面经过圆柱的轴线或平行于轴线时，截交线为两条素线（见图2.11（c））。

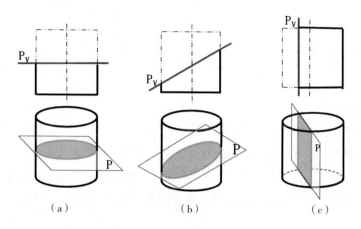

（a）　　　　　　　（b）　　　　　　　（c）

图2.11　圆柱体截切的三种情况

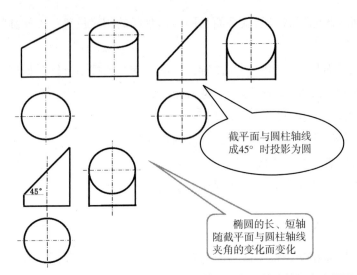

截平面与圆柱轴线成45°时投影为圆

椭圆的长、短轴随截平面与圆柱轴线夹角的变化而变化

图2.12　截交线为椭圆时长轴的长度随截平面相对轴线的倾角不同而变化

【**例题**】如下图（a）所示，求正垂面与圆柱的截交线。

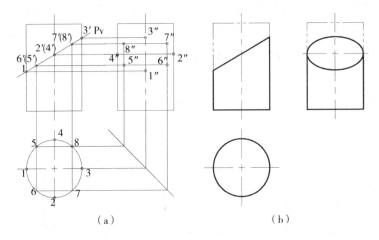

（a）　　　　　　　　　　　　　（b）

解：（1）分析

①圆柱轴线垂直于H面，其水平投影积聚为圆。

②截平面P为正垂面，与圆柱轴线斜交，交线为椭圆。椭圆的长轴平行于V面，短轴垂直于V面。椭圆的V面投影成为一条直线，与PV重合。椭圆的H面投影，落在圆柱面的同面投影上而成为一个圆，故只需作图求出截交线的W面投影。

（2）作图

①求特殊点。这些点包括轮廓线上的点、特殊素线上的点、极限点以及椭圆长短轴的端点。最左点Ⅰ（也是最低点）、最右点Ⅲ（也是最高点），最前点Ⅱ

和最后点Ⅳ，它们分别是轮廓线上的点，又是椭圆长短轴的端点，可以利用投影关系，直接求出其水平投影和侧面投影。

②求一般点。为了作图准确，在截交线上特殊点之间选取一些一般位置点。图中选取了Ⅴ、Ⅵ、Ⅶ、Ⅷ四个点，由水平投影5、6、7、8和正面投影 5′、6′、7′、8′，求出侧面投影5″、6″、7″、8″。

③连点。将所求各点的侧面投影顺次光滑连接，即为椭圆形截交线的W面投影。

④判别可见性。由图中可知截交线的侧面投影均为可见。

（3）检查、整理、描深图线，完成全图

结果见上图（b）。

从例题可以引申看出，截交线椭圆在平行于圆柱轴线但不垂直于截平面的投影面上的投影一般仍是椭圆。椭圆长、短轴在该投影面上的投影，仍为椭圆投影的长、短轴。当截平面与圆柱轴线的夹角α小于45°时，椭圆长轴的投影变为椭圆投影的短轴。当α=45°时，椭圆的侧面投影成为一个与圆柱底圆相等的圆。

【例题】已知如下图（a）所示的主视图和俯视图，求左视图。

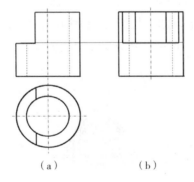

（a） （b）

解：同一立体被多个平面截切，要逐个截平面进行截交线的分析和作图。结果如上图（b）所示。

2. 圆锥的截交线

当平面与圆锥截交时，根据截平面与圆锥轴线相对位置的不同，可产生5种不同形状的截交线，如图2.13所示。

①当截平面垂直于圆锥的轴线时，截交线必为一个圆（见图2.13（a））；

②当截平面通过圆锥的轴线或锥顶时，截交线必为两条素线（见图2.13（b））；

③当截平面倾斜于圆锥的轴线，但与一条素线平行时，截交线为抛物线（见

图2.13（c）；

④当截平面平行于圆锥的轴线，或者倾斜于圆锥的轴线但与两条素线平行时，截交线必为双曲线（见图2.13（d））；

⑤当截平面倾斜于圆锥的轴线，并与所有素线相交时，截交线必为一个椭圆（见图2.13（e））。

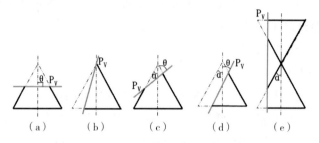

图2.13 平面与圆锥的五种不同形状的截交线

平面截割圆锥所得的截交线圆、椭圆、抛物线和双曲线，统称为圆锥曲线。当截平面倾斜于投影面时，椭圆、抛物线、双曲线的投影，一般仍为椭圆、抛物线和双曲线，但有变形。圆的投影可能为椭圆，椭圆的投影亦可能成为圆。

【**例题**】如下图（a）所示，已知圆锥的三面投影和正垂面P的投影，求截交线的投影及实形。

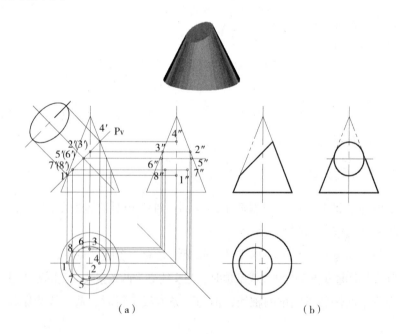

解：（1）分析

①因截平面P是正垂面，P面与圆锥的轴线倾斜并与所有素线相交，故截交线为椭圆。

②PV面与圆锥最左最右素线的交点，即为椭圆长轴的端点Ⅰ、Ⅳ，即椭圆长轴平行于V面，椭圆短轴Ⅴ、Ⅵ垂直于V面，且平分Ⅰ、Ⅳ。

③截交线的V面投影重合在PV上，H面投影、W面投影仍为椭圆，椭圆的长、短轴仍投影为椭圆投影的长、短轴。

（2）作图

①求长轴端点。在V面上，PV与圆锥的投影轮廓线的交点，即为长轴端点的V面投影1′、4′；Ⅰ、Ⅳ的H面投影1、4在水平中心线上，14就是投影椭圆的长轴。

②求短轴端点。椭圆短轴Ⅴ、Ⅵ的投影5′（6′）必积聚在1′、4′的中点；过5′（6′）作纬圆求出水平投影5、6，之后求出5″6″。

③求最前、最后素线与P面的交点Ⅱ和Ⅲ。在PV与圆锥正面投影的轴线交点处得2′、（3′），向右得到其侧面投影2″、3″，向下向左得到2、3。

④求一般点Ⅶ、Ⅷ。先在V面定出点7′、（8′），再用纬圆法求出7、8，并进一步求出7″、8″。

⑤连接各点并判别可见性。在H面投影中依次连接各点，即得椭圆的H面投影；同理得出椭圆的W面投影。

（3）检查、整理、描深图线，完成全图

结果如上图（b）所示。

【例题】如下图（a）所示，求作侧平面Q与圆锥的截交线。

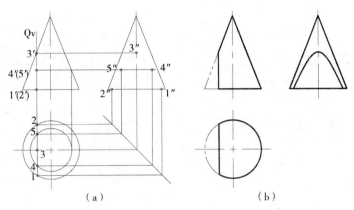

（a）　　　　　　　　　　　（b）

解：（1）分析

①因截平面Q与圆锥轴线平行，故截交线是双曲线（一叶）；

②截交线的正面投影和水平投影都因积聚性重合于Q的同面投影；

③截交线的侧面投影反映实形。

（2）作图

①在QV与圆锥正面投影左边轮廓线的交点处，得到截交线最高点Ⅲ的投影3′，进一步得到3、3″；

②在QV与圆锥底面正面投影的交点处，得到截交线最低点Ⅰ和Ⅱ的投影1′、（2′），进一步得到1、2、1″、2″；

③用素线法求出一般点Ⅳ、Ⅴ的各投影；

④顺次连接2″-5″-3″-4″-1″；

⑤各面投影均可见。

（3）检查、整理、描深图线，完成全图

结果如上图（b）所示。

3. 球的截交线

球体上的截面不论其角度如何，所得截交线的形状都是圆。截平面距球心的距离决定截交圆的大小，经过球心的截交圆是最大的截交圆。

当截平面与水平投影面平行时，其水平投影是圆，反映实形，其正面投影和侧面投影都积聚为一条水平直线；当截平面与V面（或W面）平行时，则截交线在相应投影面上的投影是圆，其他两投影是直线；如果截平面倾斜于投影面，则在该投影面上的投影为椭圆，如图2.14所示。

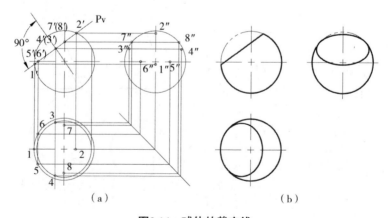

（a）   （b）

图2.14　球体的截交线

【例题】 如下图，求半球体截切后的俯视图和左视图。

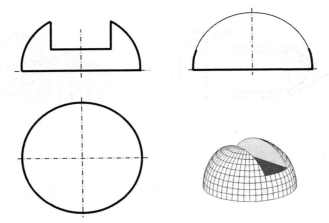

解： 两个侧平面截圆球的截交线的投影，在侧视图上为部分圆弧，在俯视图上积聚为直线。水平面截圆球的截交线的投影，在俯视图上为部分圆弧，在侧视图上积聚为直线。结果如下图所示。

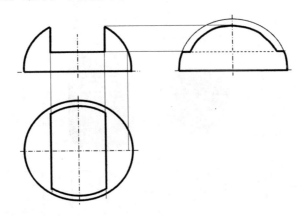

4. 复合回转体的截切

【例题】 如下图，求作顶尖的俯视图。

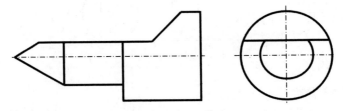

解： 首先分析复合回转体由哪些基本回转体组成以及它们的连接关系，然后

分别求出这些基本回转体的截交线，并依次将其连接。结果如下图（a）所示。下图（b）是顶尖模型，供参考。

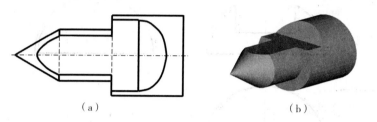

（a）　　　　　　　　　　　（b）

5. 曲面立体的投影练习

【例题】如下图（a）所示，给出圆柱切割体的正面投影和水平投影，补画出侧面投影。

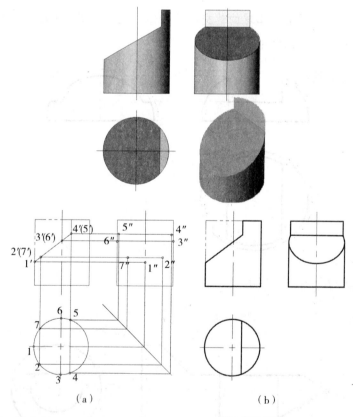

（a）　　　　　　　　　　　（b）

解：（1）分析

①根据截平面的数量、截平面与轴线的相对位置，确定截交线的形状。

切割后的圆柱可以看作被两个平面所截的结果。一是正垂面与轴线倾斜，其截交线为椭圆的一部分；二是侧平面，其截交线为两条素线，两截平面相交于一直线。

②根据截平面与投影面的相对位置，确定截交线的投影。

截平面是正垂面，截交线的正面投影积聚为直线，W面投影为椭圆，H面投影为圆；截平面是侧平面，截交线的侧面投影为两条素线，正面投影重合为一条直线，H面投影积聚成两点。

（2）作图

①求特殊点。根据截平面和圆柱体的积聚性，截交线的正面投影、水平投影为已知，只需求出截交线的侧面投影。其中Ⅰ是椭圆长轴的一个端点，Ⅲ、Ⅵ是椭圆短轴的两个端点，它们在各轮廓线上，Ⅳ、Ⅴ是素线和椭圆的连接点，利用水平投影求出侧面投影。

②求一般点。Ⅱ、Ⅶ是一般位置的点，用素线法求出其水平投影，进一步求出侧面投影。

③判别可见性并连点。所有投影均可见。

（3）检查、整理、描深图线，完成全图

结果如上图（b）所示。

【例题】如下图（a）所示，求切割后圆锥的投影。

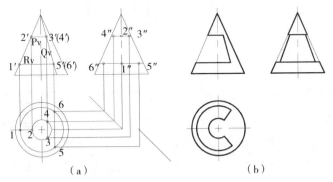

（a）　　　　　　　　　　（b）

解：（1）分析

①根据截平面的数量、截平面与轴线的相对位置，确定截交线的形状。

切割后的圆锥可以看作被P、R、Q三个平面所截的结果。P和R两平面都垂直于轴线，其截交线为圆；Q平面过锥顶，其截交线为两条素线；R平面垂直轴线，其截交线为圆。

②根据截平面与投影面的相对位置，确定截交线的投影。

Pv与Rv面为水平面，截交线水平投影为实形圆，其他两个投影积聚为直线。Qv面为正垂面，截交线正面投影重合为一条直线，其他两个投影为三角形。

（2）作图

①求特殊点。Ⅰ、Ⅴ、Ⅵ三点为R与圆锥表面相交的点；Ⅱ、Ⅲ、Ⅳ三点为P与圆锥表面相交的点；同时，Ⅲ、Ⅳ和Ⅴ、Ⅵ、又分别是为R与Q和P与Q相交的点。根据各点的正面投影先求出其水平投影，再求出其侧面投影。

②本题不需要求一般点。

③连点并判别可见性。所有点全部可见。

（3）检查、整理、描深图线，完成全图

结果如上图（b）所示。

【例题】如下图（a）所示，已知半球体被切割后的正面投影，画出其水平投影及侧面投影。

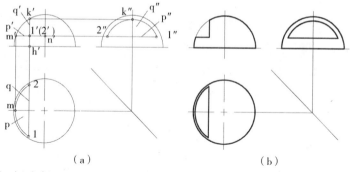

（a）　　　　　　　　　　（b）

解：（1）分析

①根据截平面的数量、截平面与轴线的相对位置，确定截交线的形状。从立体图和正面投影可以看出，半球体上切去一部分的缺口是由平面P、Q组成的，平面Q为侧平面，平面P为水平面，截交线都是圆的一部分。

②根据截平面与投影面的相对位置，确定截交线的投影。断面的投影p、q″反映实形，p″、q积聚为直线。

（2）作图

①先作P和Q的水平投影。已知P的水平投影为圆的一部分，需要找出这个圆的半径。从正立投影可以看出m'n'即为P面圆弧的半径。在水平投影中，用m'n'为半径画圆弧。再将q'垂直延长到水平投影上，垂线与圆弧交于1、2两点，12即为

Q的水平投影q，12直线与圆弧所围成的弓形即为P的水平投影p。

②用同样的方法可画出p″、q″。

（3）检查、整理、描深图线，完成全图

结果如上图（b）所示。

第四节　相交立体的投影

一、概述

两立体相交得到的立体，也叫相贯体，两立体因相贯表面产生的交线称为相贯线。相贯线的形状取决于两相交立体的形状、大小及其相对位置。

相贯的形式有以下三种：平面体与回转体相贯、回转体与回转体相贯和多体相贯。

平面体与回转体相贯　　　　回转体与回转体相贯　　　　多体相贯

图2.15　相贯的三种形式

立体相交得到的相贯线，具有以下性质：

①共有性：相贯线是相交两立体表面共有的线，是两立体表面一系列共有点的集合，同时也是两立体表面的分界点。

②封闭性：由于立体占有一定的空间范围，所以相贯线一般是封闭的空间曲线。

③表面性：相贯线位于相交立体的表面上。

根据相贯线的性质求相贯线，可归纳为求出相交两立体表面上一系列共有点的问题。求相贯线的方法，可用表面取点法。

相贯线可见性的判断原则是：相贯线同时位于两个立体的可见表面上时，其投影才是可见的；否则就不可见。

二、平面体与回转体的交线

平面体与回转体相贯的作图方法：求交线的实质是求各棱面与回转面的截交线。

①分析各棱面与回转体表面的相对位置，从而确定交线的形状；

②求出各棱面与回转体表面的截交线；

③连接各段交线，并判断可见性。

【例题】 补全主视图，如下图（a）所示。

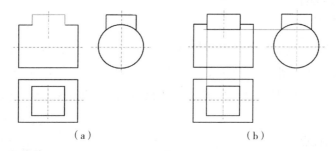

（a）　　　　　　　　　　　　（b）

解： 空间分析：

四棱柱的四个棱面分别与圆柱面相交，前后两棱面与圆柱轴线平行，截交线为两段直线；左右两棱面与圆柱轴线垂直，截交线为两段圆弧。

投影分析：由于相贯线是两立体表面的共有线，所以相贯线的侧面投影积聚在一段圆弧上，水平投影积聚在矩形上。

作图结果见上图（b）。

将上图所代表的立体图改成下图（a），则作图结果就成了下图（b）。

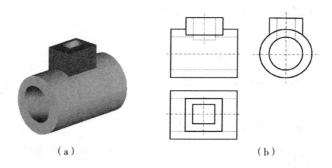

（a）　　　　　　　　　　　　（b）

三、两曲面立体表面的交线

两曲面立体表面的相贯线，一般是封闭的空间曲线，特殊情况下可能为平面曲线或直线。组成相贯线的所有相贯点，均为两曲面体表面的共有点。因此求相贯线时，要先求出一系列的共有点，然后依次连接各点，即得相贯线。

求相贯线的方法通常有以下两种：

第一种是积聚投影法——相交两曲面体，如果有一个表面投影具有积聚性时，就可利用该曲面体投影的积聚性作出两曲面的一系列共有点，然后依次连成相贯线。

第二种是辅助平面法——根据三面共点原理，作辅助平面与两曲面相交，求出两辅助截交线的交点，即为相贯点。

选择辅助平面的原则是：辅助截平面与两个曲面的截交线（辅助截交线）的投影都应是最简单易画的直线或圆。因此在实际应用中往往会采用投影面的平行面作为辅助截平面。

在解题过程中，为了使相贯线的作图清楚、准确，在求共有点时，应先求特殊点，再求一般点。相贯线上的特殊点包括：可见性分界点，曲面投影轮廓线上的点，极限位置点（最高、最低、最左、最右、最前、最后）等。根据这些点不仅可以掌握相贯线投影的大致范围，而且还可以比较恰当地设立求一般点的辅助截平面的位置。

【例题】如下图（a）所示，求作两轴线正交的圆柱体的相贯线。

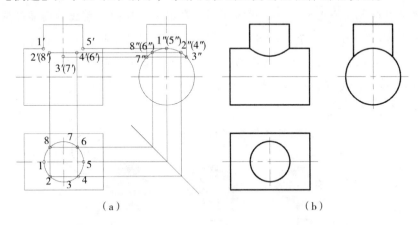

（a）　　　　　　　　　　　　（b）

解：（1）分析

两圆柱相交时，根据两轴线的相对位置关系，可分为三种情况：正交（两轴线垂直相交）、斜交（两轴线倾斜相交）和侧交（两轴线垂直交叉）。

①根据两立体轴线的相对位置，确定相贯线的空间形状。

由图可知，两个直径不同的圆柱垂直相交，大圆柱为铅垂位置，小圆柱为水平位置，由左至右完全贯入大圆柱，所得相贯线为一组封闭的空间曲线。

②根据两立体与投影面的相对位置确定相贯线的投影。

相贯线的水平投影积聚在大圆柱的水平投影上（即小圆柱水平投影轮廓之间的一段大圆弧），相贯线的侧面投影积聚在小圆柱的侧面投影上（整个圆）。因此，余下的问题只是根据相贯线的已知两投影求出它的正面投影。

（2）作图

①求特殊点。正面投影中两圆柱投影轮廓相交处的1′、5′两点分别是相贯线上的最左、最右点（同时也是最高点），它们的水平投影落在小圆柱的最左、最右两边素线的水平投影上，1″、5″重影。

3、7两点分别位于小圆柱的水平投影的圆周上，它们是相贯线上的最前点和最后点，也是相贯线上最低位置的点。可先在小圆柱和大圆柱侧面投影轮廓的交点处定出3″和7″，然后再在正面投影中找到3′和7′（前、后重影）。

②求一般点。在小圆柱侧面投影（圆）上的几个特殊点之间，选择适当的位置取几个一般点的投影，如2″、4″、6″、8″等，再按投影关系找出各点的水平投影2、4、6、8，最后作出它们的正面投影2′、4′、6′、8′。

③连点并判别可见性。连接各点成相贯线时，应沿着相贯线所在的某一曲面上相邻排列的素线（或纬圆）顺序光滑连接。

例题中相贯线的正面投影可根据侧面投影中小圆柱的各素线排列顺序依次连接1′-2′-3′-4′-5′-（6）′-（7′）-（8′）-1′各点。由于两圆柱前、后完全对称，故相贯线前、后相同的两部分在正面投影中重影（可见者为前半段）。

（3）检查、整理、描深图线，完成全图

结果如上图（b）所示。

当圆柱直径变化时，相贯线的变化趋势见下图。

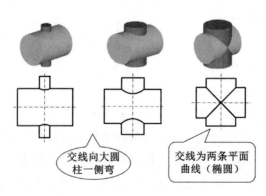

交线向大圆柱一侧弯　　交线为两条平面曲线（椭圆）

【例题】 如下图（a）所示，求圆柱与圆锥的相贯线。

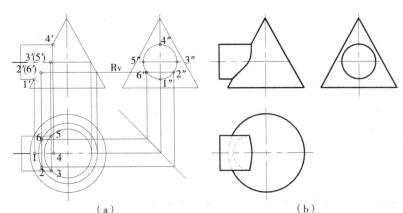

（a）　　　　　　　　　　　　　　（b）

解： （1）分析

①根据两立体轴线的相对位置，确定相贯线的空间形状。

圆柱与圆锥正交，它们的轴线互为垂线且相交，因此相贯线为一曲线。

②根据两立体与投影面的相对位置确定相贯线的投影。

圆柱体的侧面投影积聚为圆，相贯线的侧面投影与其重合，只需求出相贯曲线的正面与水平投影即可。

③辅助平面的选择

若以水平面为辅助平面，所得到的辅助交线为两条直线和一个水平圆，圆柱的辅助交线为两条直线，而圆锥的辅助交线为一水平圆，它们都随辅助平面位置高低的不同而位置或大小不同；若以过锥顶的铅垂面为辅助平面，所得辅助交线为素线。

（2）作图

先求特殊点。

①求最低点。直接在正面投影中找出两回转体轮廓素线的交点1′，同时，该点也是最左点，并作出它们的水平投影和侧面投影。

②求最高点。直接在正面投影中找出两回转体轮廓素线的交点4′，同时，该点也是最右点，并作出它们的水平投影和侧面投影。

③求最前、最后点。在水平投影中，圆柱面的最前素线与圆锥面的交点是相贯线的最前点3，最后素线与圆锥面的交点是相贯线的最后点5，过3、5直接向上作竖直线交圆柱的轴线于3′（5′）得其正面投影，它们是重影点，再作出其侧面投影。

再求一般点。作水平辅助面Rv，与两立体的截交线的侧面投影相交于点2″、6″，进一步用辅助圆法（纬圆法）求出其水平投影，进一步求出其正面投影。应用此法，可求出其他的一般位置点。

最后连线并判别可见性。在水平投影中，3、5两点是可见部分与不可见部分的分界点，1、2、6不可见，4可见，顺序用虚线连接各点5-6-1-2-3，用实线连接各点5-4-3，得其水平投影。在正面投影中，相贯线1′-2′-3′-4′可见，画成实线，5′、6′分别和3′、4′重影，不可见，应画成虚线，但因重影在此省略，得其正面投影。

（3）检查、整理、描深图线，完成全图

结果如上图（b）所示。

【例题】圆柱与圆锥相贯，求其相贯线的投影。

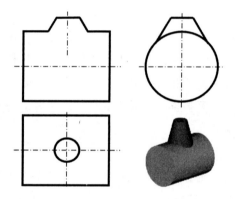

解：

空间及投影分析：相贯线为一光滑的封闭的空间曲线。它的侧面投影有积聚性，正面投影、水平投影没有积聚性，应分别求出。

解题方法：辅助平面法。假想用水平面P截切立体，P面与圆柱体的截交线为两条直线，与圆锥面的交线为圆，圆与两直线的交点即为交线上的点。也即三面共点法。

解题步骤：①求特殊点；②用辅助平面法求中间点；③光滑连接各点。

结果如下图所示。

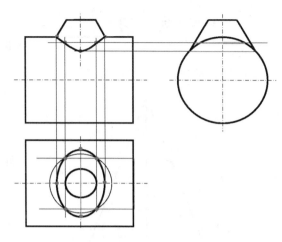

【例题】补全主视图。

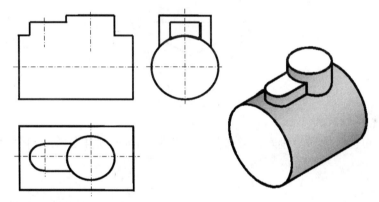

　　解：这是一个多体相贯的例子，首先分析它是由哪些基本体组成的，这些基本体是如何相贯的，然后分别进行相贯线的分析与作图。结果如下图所示。

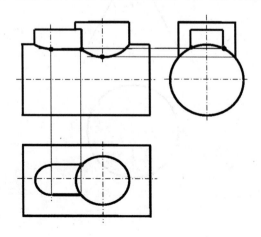

练 习

1. 补画三棱锥的侧面投影及其表面上点的投影。

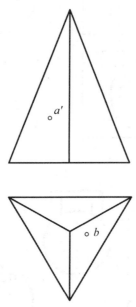

2. 已知圆锥的两面投影，求作第三面投影，并求圆锥表面A、B点的另两面投影。

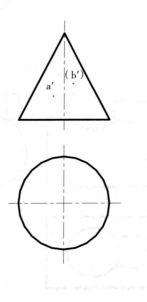

3. 完成下图的截切空心圆柱的三面投影图。

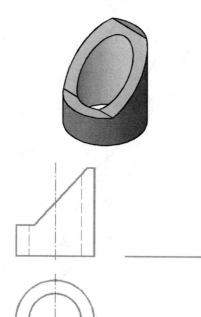

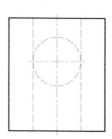

4. 画出下图的相交立体的侧面投影。

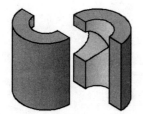

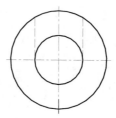

5. 如下图所示，补出切割六棱柱左视图中的漏线并画出其俯视图。

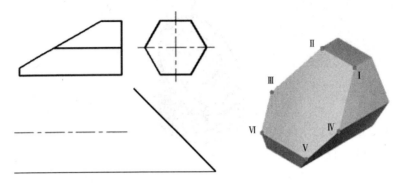

6. 试画出下图的截切三棱锥的水平投影和侧面投影。

第三章　制图的基本知识

工程图样是工程界的技术语言，为了使图纸规格统一，图面简洁清晰，符合施工要求，便于技术交流，必须在图样的画法、图纸、字体、尺寸标注、采用的符号等各方面有一个统一标准。相关的工程制图标准很多，比如《GB/T 14689—2008　技术制图　图纸幅面和格式》《GB/T 16900～16903—1997　图形符号表示规则》《GB/T 14665—1998　机械工程　CAD制图规则》《GB/T 4458.1—2002　机械制图　图样画法 视图》《GB/T 4458.5—2003 机械制图 尺寸公差与配合注法》《GB/T50001–2001房屋建筑制图统一标准》等。标准对常用的图纸幅面、比例、字体、图线（线型）、尺寸标注等内容作了具体规定，这些规定是制图工作中必须遵守的规范。本章简要介绍一些常用的、基本的标准规定。

第一节　制图的基本规范

我们国家标准分为强制性国标（GB）和推荐性国标（GB/T）。国家标准的编号由国家标准的代号、国家标准发布的顺序号和国家标准发布的年号（发布年份）构成。

例：《GB/T 14689–2008 技术制图 图纸幅面和格式》中，"GB"表示"国标"二字的汉语拼音的第一个字母，"T"表示推荐性标准，"14689"表示发布顺序号，"2008"表示颁布的年份。

本节将介绍机械制图标准中关于图纸、标题栏、比例、字体、图线及尺寸标注等的基本规定。

一、图纸幅面与格式

为了便于装订和管理，对图纸有特定的幅面规格，如表3.1、图3.1。同一幅面代号的有横装和竖装两种图纸摆放形式。

表3.1 图纸的幅面规格

幅面代号	A0	A1	A2	A3	A4
B×L	841×1189	594×841	420×594	297×420	210×297
e	20			10	
c	10			5	
a	25				

注：在绘图中对图纸有加长加宽的要求时，应按基本幅面的短边（B）成整数倍增加。表中尺寸单位为mm。L为长边，B为短边。

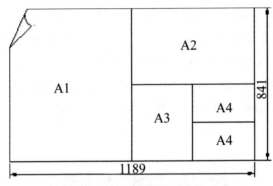

图3.1　各图纸幅面的对应关系

在工程制图中，要求用粗实线画出图框线。所用到的图纸幅面形式分为有装订边的（见图3.2）和无装订边的（见图3.3），其图框形式也不一样。

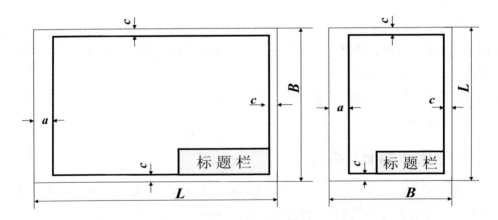

图3.2　留有装订边的图框格式

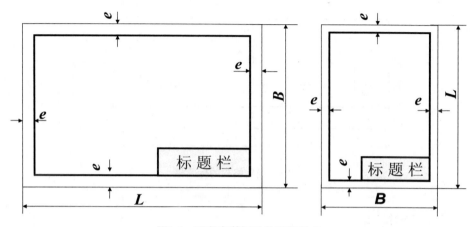

图3.3　不留有装订边的图框格式

二、标题栏

工程图中的标题栏，应遵守GB/T 10609.1中的有关规定。每张工程图均应配置标题栏，并应配置在图框的右下角，如图3.4。

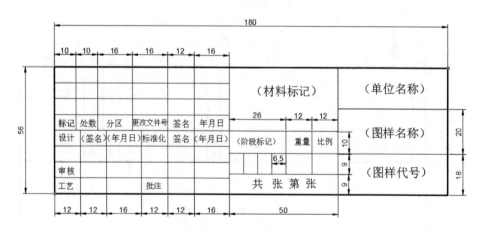

图3.4　标准的标题栏

也可使用简化格式的标题栏，如图3.5。

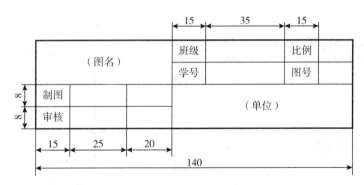

图3.5　简化格式的标题栏

三、明细栏

工程图中的明细栏应遵守GB/T 10609.2中的有关规定，工程图中的装配图上一般应配置明细栏。明细栏一般配置在装配图中标题栏的上方，按由下而上的顺序填写。

装配图中不能在标题栏的上方配置明细栏时，可作为装配图的续页按A4幅面单独绘出，其顺序应是自上而下延伸。如图3.6。

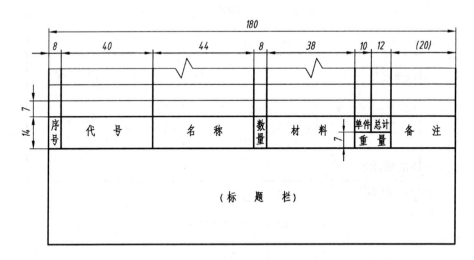

图3.6　明细栏

四、比例（GB/T14690—1993）

工程制图是将实物通过一定的比例放大、缩小或等值还原在图纸上的，比例描述的是图形与实物之间的线性尺寸之比。如图3.7，（a）、（b）、（c）分别为1：2的缩小图、1：1的等值图和2：1的放大图。

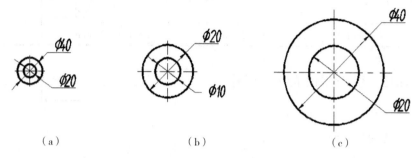

图3.7 比例缩小、等值和放大

常用的比例，如表3.2所示。

表3.2 常用的比例

种 类	比 例		
原值比例	1：1		
放大比例	5：1 $5 \times 10n：1$	2：1 $2 \times 10n：1$	$1 \times 10n：1$
缩小比例	1：2 $1：2 \times 10n$	1：5 $1：5 \times 10n$	1：10 $1：10 \times 10n$

注：n为正整数。

五、字体（GB/T14691—1993）

工程图中书写的字体必须做到：字体工整、笔画清楚、间隔均匀、排列整齐。

对字体的要求有：

①字号。表示字体高度，代号为h。系列有1.8、2.5、3.5、5、7、10、14、20，单位mm。

②汉字。采用长仿宋体，字高一般不小于3.5号字，字宽为≈0.7h。

③字母和数字。可写成斜体和直体，斜体字字头向右倾75°。指数、分数、极限偏差、注脚的数字及字母，一般采用小一号字体。

④字体与幅面的大小关系。字体与幅面的大小关系如表3.3所示。

表3.3　　　　　　　　　　　字体与幅面的大小关系

图幅 字体	A0	A1	A2	A3	A4
字母数字	3.5 mm　5 mm		3.5 mm		
汉字	20mm　14mm　10mm　7mm　5mm		3.5 mm　2.5mm　1.8mm		

下面是一些工程图中的字体示例。

```
1 2 3 4 5 6 7 8 9 0
ABCDEFGHIJKLMNOPQRSTUVWXYZ
abcdefghijklmnopqrstuvwxyz
I  II  III  IV  V  VI  VII  VIII  IX  X
```

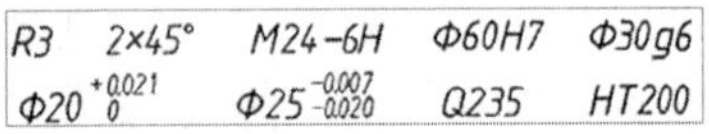

R3	2×45°	M24-6H	Φ60H7	Φ30g6
Φ20$^{+0.021}_{0}$		Φ25$^{-0.007}_{-0.020}$	Q235	HT200

六、图线

1. 基本线型

国家技术制图标准GB/T17450—1998中规定了15种基本线型，机械制图标准GB/T4457.4—2002建议采用9种基本线型。如表3.4。

表3.4　　　　　　　　　　　　基本线型

代码NO.(名称)	代码	线型名称和表示	应用
01（实线）	01.1	细实线	尺寸线、尺寸界线、指引线、剖面线、相贯线等
	01.2	粗实线	可见轮廓线、螺纹牙顶线、螺纹终止线
02（虚线）	02.1	细虚线	不可见轮廓线
	02.2	粗虚线	允许表面处理的表示线、齿轮的节圆线
04（点画线）	04.1	细点画线	中心线、对称线、齿轮的节圆线
	04.2	粗点画线	剖切平面线
05（双点画线）	05.1	细双点画线	假想轮廓线、极限位置轮廓线
基本线型的变形		波浪线	断裂边界线

图线宽度d的规定选取系列为：0.13、0.18、0.25、0.35、0.5、0.7、1.0、1.4、2等。具体宽度可据图幅大小而定。 粗、细线宽度之比一般为3∶1或2∶1。

各线型应用示例如图3.8所示。

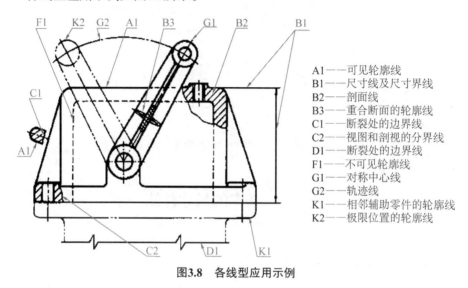

A1——可见轮廓线
B1——尺寸线及尺寸界线
B2——剖面线
B3——重合断面的轮廓线
C1——断裂处的边界线
C2——视图和剖视的分界线
D1——断裂处的边界线
F1——不可见轮廓线
G1——对称中心线
G2——轨迹线
K1——相邻辅助零件的轮廓线
K2——极限位置的轮廓线

图3.8 各线型应用示例

2.注意事项

①同一图样上，同类图线宽度应一致。

②图线与图线相交时，应该是画线相交。

③画圆时，中心线超出轮廓线3～5mm。

④点画线和双点画线的首末两端应为"画"而不应为"点"。

⑤绘制圆的对称中心线时，圆心应为"画"的交点。首末两端超出图形外2~5mm。

⑥虚线、点画线或双点画线和实线相交或它们自身相交时，应以"画"相交，而不应为"点"或"间隔"。

⑦虚线、点画线或双点画线为实线的延长线时，不得与实线相连。

⑧图线不得与文字、数字和符号重叠或混淆。不可避免时，应首先保证文字、数字或符号清晰。

示例如图3.9所示。

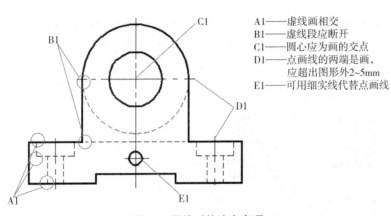

A1——虚线画相交
B1——虚线段应断开
C1——圆心应为画的交点
D1——点画线的两端是画，
　　　应超出图形外2~5mm
E1——可用细实线代替点画线

图3.9　画线时的注意事项

第二节　基本的尺寸注法

一、尺寸标注的必要性

如图3.10，确定了物体形状，但未确定其尺寸、大小。所以图3.11中的三视图需要标注尺寸。

图3.10　实物立体图

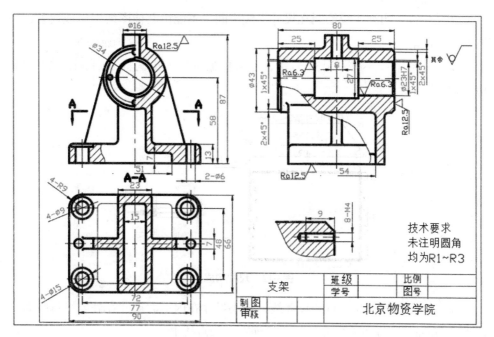

图3.11 图3.10立体图对应的图样

二、标注的基本规则

尺寸标注是生产中零件加工和装配的直接依据。因此必须严格按照国标（GB/T4458.4—2003）规定进行，要求做到正确、完整、清晰、合理。

①应标注机件的真实大小，与图形的大小及绘图的准确度无关；

②图样中（包括技术要求和其他说明）的尺寸，以毫米为单位时，不需标出计量单位的代号或名称，如采用其他单位，则必须注明相应计量单位的代号或名称；

③图样中所标注的尺寸，为该图样所示机件的最后完工尺寸；

④机件上的每一尺寸，一般只标注一次，并标注在反映该结构最清晰的图形上。

1. 尺寸构成

如图3.12，尺寸一般由三部分构成。

①尺寸界线：用细实线绘制，可由图形的轮廓线、轴线、对称中心线等图线引出或代替。

②尺寸线：用细实线绘制在尺寸界线之间，不能由其他图线引出或代替，一般两端画出箭头。

③尺寸数字：一般采用3.5号字，也可根据图纸大小调整，同一图样上字高应一致。

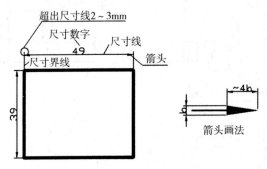

图3.12　尺寸构成

标注时注意：相互平行的尺寸线，应小尺寸在内、大尺寸在外。平行距离一般为5~7mm。同方向的尺寸线，应排列在一条直线上。

2.常用尺寸标注方法

（1）尺寸数字

线性尺寸的数字一般注在尺寸线的上方，也允许写在尺寸线的中断处。尺寸数字的方向：水平尺寸字头朝上，竖直尺寸字头朝左。如图3.13所示。

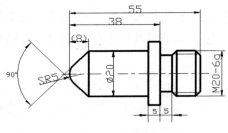

图3.13　尺寸数字

（2）倾斜尺寸数字的方向

倾斜尺寸数字的方向垂于尺寸线，其方向见图3.14。并尽可能避免在图示30°范围内标注尺寸，当无法避免时，可按图3.14中右图标注。

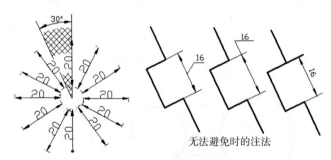

图3.14 倾斜尺寸数字的方向

（3）角度数字方向

角度数字一律写成水平方向，一般注在尺寸线的中断处，必要时允许写在尺寸线的外面。

注意：尺寸数字不可被任何图线通过，必要时应将图线断开。如图3.15所示。

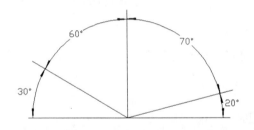

图3.15 角度数字的方向

（4）线性小尺寸的注法

在尺寸较小画箭头地方不够的情况下，允许用斜线或圆点代替箭头。如图3.16所示。

注意事项：

①标注线性尺寸时，尺寸线必须与所标注的线段平行；

②尺寸线不得用其他图线代替，也不得与其他图线重合或画在其延长线上。

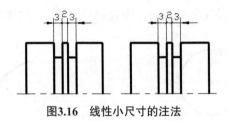

图3.16 线性小尺寸的注法

（5）圆的尺寸注法

大于半圆的圆弧以及整圆按圆注尺寸。圆的尺寸线终端应画成箭头，圆应注直径，直径数字前应注出直径符号"φ"。如图3.17所示。

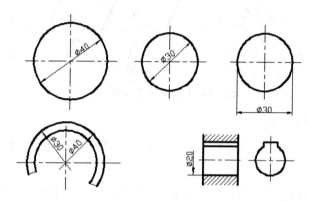

图3.17　圆的尺寸注法

（6）小圆的尺寸注法

小圆指的是在内部标注尺寸位置不够的圆，可按下图中方式标注它们的尺寸。如图3.18。

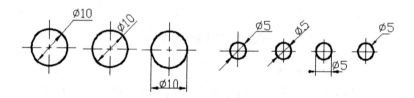

图3.18　小圆的尺寸注法

当圆代表球时应在Φ前加注"S"，如图3.19所示。

（7）圆弧的尺寸注法

圆弧指小于或等于半圆的圆弧，圆弧的尺寸线指向圆弧的一端画成箭头，另一端终止到圆心，半径数字前应写出半径符号"R"。如图3.20所示。

图3.19　球的尺寸注法　　　　**图3.20　圆弧的尺寸注法**

当圆弧的半径过大在图纸范围内无法标出圆心位置时，可按图标注，图中尺寸中的"S"代表球面。如图3.21所示。

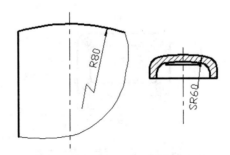

图3.21 大圆弧和球面圆弧的尺寸注法

（8）小圆弧的尺寸注法

小圆弧的尺寸注法如图3.22所示。

图3.22 小圆弧的尺寸注法

角度、弦长和弧长的标注：角度的尺寸界线应沿径向引出。弦长的尺寸界线平行于该弦的垂直平分线。弧长的尺寸界线与弦长的画法相同。注意三种情况尺寸线不同。如图3.23所示。

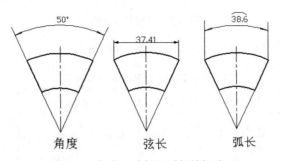

图3.23 角度、弦长和弧长的标注

（9）尺寸界线及尺寸布置

尺寸界线用细实线绘制，并应由图形的轮廓线、轴线或对称中心线引出，也可利用这三种线作尺寸界线。

并联的尺寸应将小尺寸放在里边，向外依次增大，第一个尺寸到图形大约10mm，其余相邻两个尺寸间的距离6~8mm。如图3.24所示。

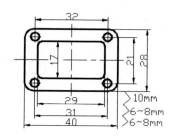

图3.24　尺寸界线及尺寸布置

（10）对称机件

当对称机件的图形只画一半或略大于一半时，尺寸线应略超过对称中心或断裂处的边界线，并在尺寸线一端画出箭头。如图3.25所示。

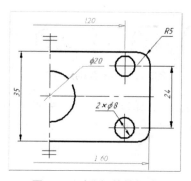

图3.25　对称机件的标注

尺寸标注中的常用符号和缩写词如表3.5所示。

表3.5　　　　　　　　　　　尺寸标注中常用符号和缩写词

名称	符号或缩写词	名称	符号或缩写词
直径	Φ	均布	EQS
半径	R	正方形	□
圆球直径	$S\Phi$	深度	▼
圆球半径	SR	沉孔或锪平	⊔
厚度	t	埋头孔	∨
45°倒角	C		

第四章　组合体的视图及尺寸标注

看图和画图是学习本课程的两个重要环节。画图是把空间的物体用正投影的方法表达在平面上，而看图则是运用正投影的方法，根据已画好的平面视图想象出空间物体的结构形状的过程。要想正确、迅速地读懂视图，必须掌握读图的基本要领和基本方法，培养空间想象能力和空间构思能力，反复实践，逐步提高看图能力。

组合体是指由平面体和曲面体组成的物体。

第一节　组合体的画图和读图

一、组合体的构成及形体分析

1. 组合体的组合形式

①叠加：由基本体叠加构成组合体。如图4.1所示。

图4.1　叠加

②截切：由基本体经截去若干部分而形成组合体。如图4.2所示。

图4.2　截切

③相交：平面体和回转体相交而成。如图4.3所示。

图4.3　相交

2.组合体的表面连接关系

①表面平齐：相邻两立体的相关表面共面。

当两基本体表面平齐时，结合处不画分界线。

如图4.4所示组合体，上、下两表面平齐，在主视图上不应画分界线。

②表面不平齐：相邻两立体表面错开。

当两基本体表面不平齐时，结合处应画出分界线。

如图4.5所示组合体，上、下两表面不平齐，在主视图上应画出分界线。

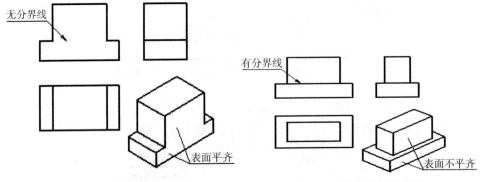

图4.4　表面平齐的画法　　　　图4.5　表面不平齐的画法

③相切：相邻立体的表面光滑连接。

当两基本体表面相切时，在相切处不画分界线。如图4.6所示。

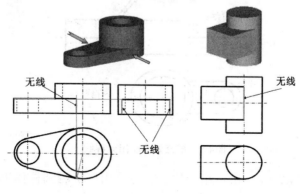

图4.6　相切

举例：如图4.7（a）所示组合体，它是由底板和圆柱体组成，底板的侧面与圆柱面相切，在相切处形成光滑的过渡，因此主视图和左视图中相切处不应画线，此时应注意两个切点A、B的正面投影a′、（b′）和侧面投影a″、（b″）的位置。图4.7（b）是常见的错误画法。

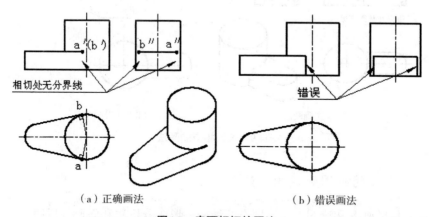

（a）正确画法　　　　（b）错误画法

图4.7　表面相切的画法

④两形体相交：相邻立体的表面呈相交状。

当两基本体表面相交时，在相交处应画出分界线。如图4.8所示。

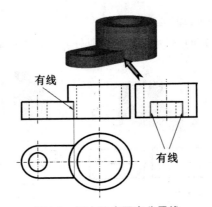

图4.8　相交处应画出分界线

举例：如图4.9（a）所示组合体，它也是由底板和圆柱体组成，但本例中底板的侧面与圆柱面是相交关系，故在主、左视图中相交处应画出交线。图4.9（b）是常见的错误画法。

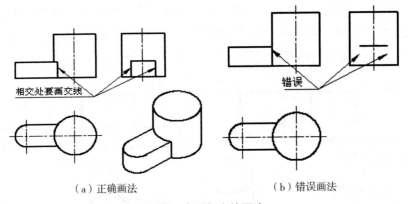

（a）正确画法　　　　　　　　　　（b）错误画法

图4.9　表面相交的画法

3. 组合体的画图和读图方法

组合体的画图和读图方法主要有两种——形体分析法和面形分析法。

形体分析法：根据组合体的形状，将其分解成若干部分，弄清各部分的形状和它们的相对位置及组合方式，分别画出各部分的投影。

面形分析法：视图上的一个封闭线框，一般情况下代表一个面的投影，不同线框之间的关系，反映了物体表面的变化。

4. 正投影图的三等关系

对于三视图，无论是看图还是画图，都要严格弄清图中的三等关系。如图4.10所示。

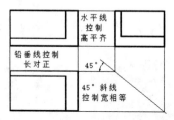

水平线
控制
高平齐

铅垂线控制
长对正

45°

45°斜线
控制宽相等

图4.10 弄清图中的三等关系

二、组合体的画图

1. 弄清形体之间的表面连接关系

形体之间的表面连接关系如图4.11所示。

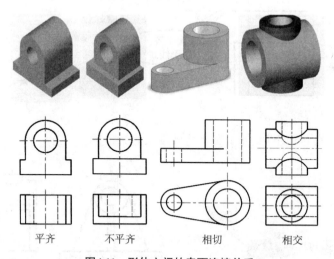

平齐 不平齐 相切 相交

图4.11 形体之间的表面连接关系

2. 简单叠加体的画图方法

重点分析以下几个问题：叠加体的组成——由哪些基本体组成；这些基本体的形状和位置；基本体之间的叠加形式。

形体分析法：根据叠加体的形状，将其分解成若干部分，弄清各部分的形状和它们的相对位置及组合形式，分别画出各部分的投影。

【例题】画出所给叠加体的三视图。

解：

第一步：分解形体，弄清它们的叠加方式。如下图所示。

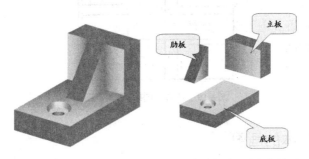

第二步：逐块画底板、立板、肋板的三视图并分析表面过渡关系。如下图所示。

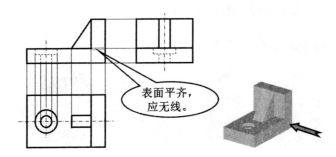

第三步：检查、加深。

【例题】求作如下图（a）所示的轴承座的三视图。

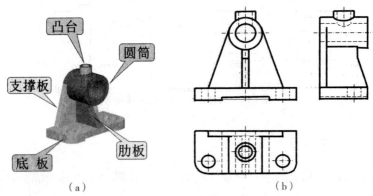

（a）　　　　　　　　　（b）

解：结果如上图（b）所示。

3.简单切割体的三视图绘制

绘图步骤主要有三步。

第一步：形体分析。分析清楚该组合体在切割前是一个什么样的形体，又是用什么面对其进行切割的，然后根据切割的顺序和切去的形状分别画图。

第二步：选择主视图。选择反映该形状特征最明显且物体上尽量多的面处于投影面的平行位置和垂直位置为主视图的投影方向。

第三步：作图。

【例题】绘制如下图（a）所示切割体的三视图。

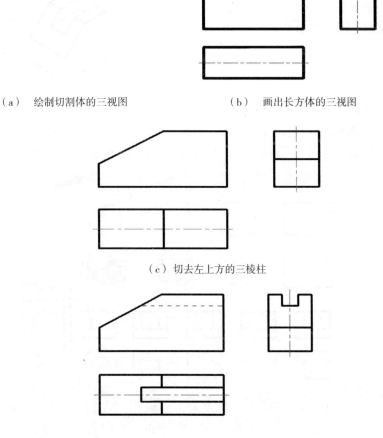

（a）绘制切割体的三视图　　　　　　（b）画出长方体的三视图

（c）切去左上方的三棱柱

（d）切去中间梯形块

解：结果如上图（b）、（c）、（d）所示。

【例题】求作导向块的三视图，如下图（a）所示。

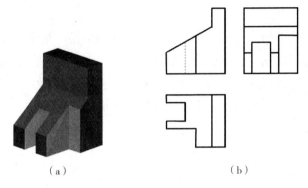

（a）　　　　　　　　　　　（b）

解：结果如上图（b）所示。

三、组合体的读图

1.看图时需要注意的几个问题

（1）把几个视图联系起来分析

物体的形状往往需要两个或两个以上的视图来共同表达，一个视图只能反映三维物体两个方向的尺寸。所以，看图时仅仅根据一个视图或不恰当的两个视图是不能唯一的确定物体的形状的。如图4.12所示。

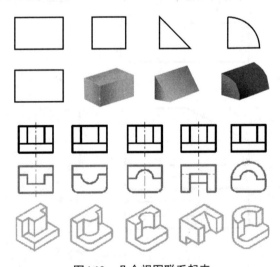

图4.12　几个视图联系起来

（2）抓住特征视图

所谓特征视图，就是把物体的形状特征和位置特征反映最充分的那个视图，如上图4.13中的俯视图。从特征视图入手，再结合其他几个视图，就能较快地识别出物体的形状。

形状特征视图：最能反映物体形状特征的那个视图。如图4.13所示。

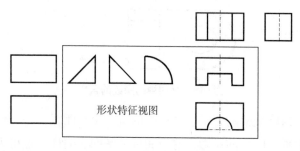

图4.13　抓住形状特征视图

位置特征视图：最能反映物体位置特征的那个视图。如图4.14所示。

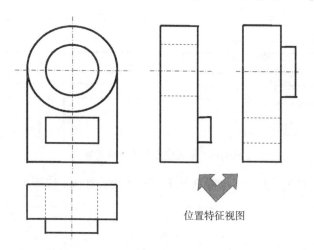

图4.14　抓住位置特征视图

（3）明确视图中的封闭线框和图线的含义

①视图中的图线的含义。通常有以下三种：代表两个表面交线的投影；代表与该投影面垂直的一个面的积聚性投影；代表曲面的转向轮廓线的投影。如图4.15所示。

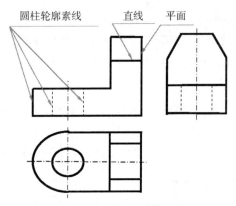

图4.15　视图中的图线的含义

②视图中的封闭线框的含义。视图中的每一个封闭线框，都代表了物体上一个不与该投影面垂直的面的投影，这个面可为平面、曲面，也可为曲面及其切平面，甚至可能是一个通孔。

视图中一个封闭线框一般情况下表示一个面的投影，线框套线框则可能有一个面是凸出的、凹下的、倾斜的或者是具有打通的孔。如图4.16所示。

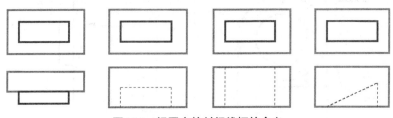

图4.16　视图中的封闭线框的含义

两个线框相连，表示两个面高低不平或相交。如图4.17所示。

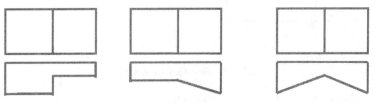

图4.17　两个线框相连的含义

（4）善于进行空间构思

①掌握正确的思维方法，不断把构思结果与已知视图对比，及时修正有矛盾的地方，直至构想的立体与视图所表达的物体完全吻合为止。如图4.18所示。

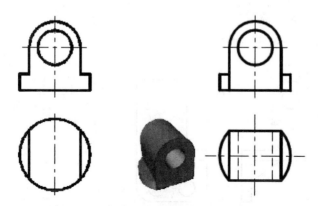

图4.18　构想的立体与视图所表达的物体

②构思的立体要合理。两个形体组合时要连接牢固，不能出现点接触或线接触，如图4.19（a）、（b）；也不能用面连接，如图4.19（c）、（d）。不要出现封闭的内腔，因为封闭的内腔不便于加工造型，如图4.19（e）。

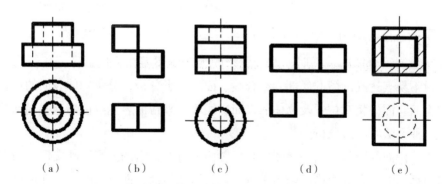

（a）　　　　（b）　　　　（c）　　　　（d）　　　　（e）

图4.19　构思的立体要合理

2. 看图的基本方法和步骤

（1）形体分析法

看图与画图类似，仍以形体分析法为主，线面分析法为辅。一般从反映物体形状特征较多的主视图入手，分析该物体由哪些基本形体所组成，然后运用投影规律，逐个找出每个基本形体在其他视图中的投影，从而想象出各个基本体的形状、相对位置及组合形式，最后综合想象出物体的整体形状。

下面以轴承座的三视图为例讲述形体分析法，如图4.20所示。

①抓住特征，分线框；

②对投影，定形体；

③看位置，综合起来想整体。

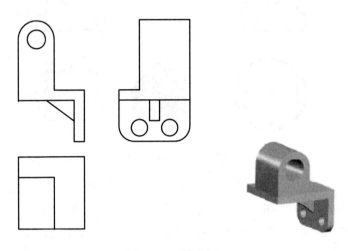

图4.20　形体分析

（2）面形分析法

在绘制组合体的视图时，对较复杂的组合体还需在应用形体分析法的基础上，对不易表达或读懂的局部，结合线、面的投影分析，分析物体表面的形状、物体上面与面的相对位置及物体的表面交线等，来帮助表达或读懂这些局部的形状，这种方法叫面形分析法。

①分析面的形状。当平面图形与投影面平行时，它的投影反映实形；当它与投影面垂直时，它的投影积聚为一条直线；当它与投影面倾斜时，它在该投影面上的投影是其空间实形的类似形。

②分析面的相对位置。如前所述，视图中每个封闭线框都代表组合体上的一个面的投影，相邻的封闭线框通常是物体的两个表面的投影，这两个面一般是有前后层次的，或相交或平行；而嵌套的封闭线框，非凸即凹（包括通孔）。这两个面在空间的相对位置究竟如何，还要结合其他视图来判断。

③分析面与面的交线。当视图中出现面与面的交线，尤其是不完整曲面的交线时，会给看图带来困难，此时可把参与组合的形体，先抽象成完整的形体组合的方式，进而分析有哪些表面相交，产生了什么形状的交线，然后求出完整形体表面交线的投影，最后取符合题意要求的对应部分即可。

【**例题**】已知如下图所示的视图，试分析其空间形状。

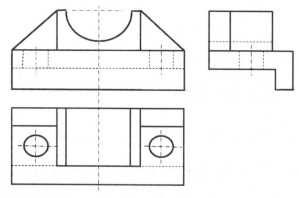

解：面形分析的结果如下图所示。

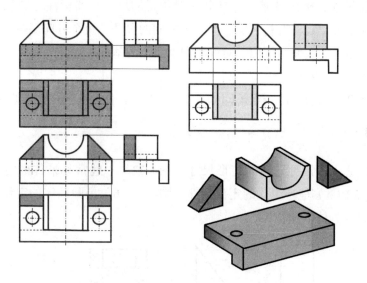

第二节 组合体的尺寸标注

形体的形状用投影图表示，而形体的大小则用尺寸确定，二者缺一不可。

机械零件的结构形状千变万化，所以各种类型零件的尺寸标注方法也有所不同，没有一个固定的模式。这就要要求学生既要严格地执行国家标准《机械制图》中关于尺寸标注的有关规定，在对各类零件标注尺寸时又不能死板硬套，要有一定的灵活性。要掌握基本几何体、组合体、零件图、装配图的尺寸标注。

标注尺寸的基本要求：

①正确：要符合国家标准的有关规定。

②完全：要标注制造零件所需要的全部尺寸，不遗漏，不重复。

③清晰：尺寸布置要整齐、清晰，便于阅读。

④合理：标注的尺寸要符合设计要求及工艺要求。

一、组合体的尺寸标注方法

1. 组合体的尺寸标注的基本方法——形体分析法

即将组合体分解为若干个基本体和简单体，在形体分析的基础上标注三类尺寸。

①定形尺寸：确定各基本体形状和大小的尺寸。

②定位尺寸：确定各基本体之间相对位置的尺寸。要标注定位尺寸，必须先选定尺寸基准。零件有长、宽、高三个方向的尺寸，每个方向至少要有一个基准。通常以零件的底面、端面、对称面和轴线作为基准。

③总体尺寸：零件长、宽、高三个方向的最大尺寸。

总体尺寸、定位尺寸、定形尺寸可能重合，这时需作调整，以免出现多余尺寸。

2. 常见形体的定形尺寸和定位尺寸

图4.21是一些常见形体的定形尺寸。图4.22是一些常见形体的定位尺寸，其中，图4.22（a）是一组孔的定位尺寸，图4.22（b）是圆柱体的定位尺寸，图4.22（c）是立方体的定位尺寸。

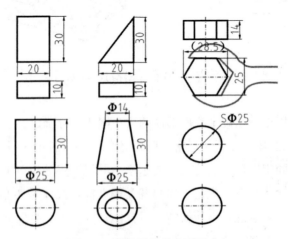

图4.21　常见形体的定形尺寸

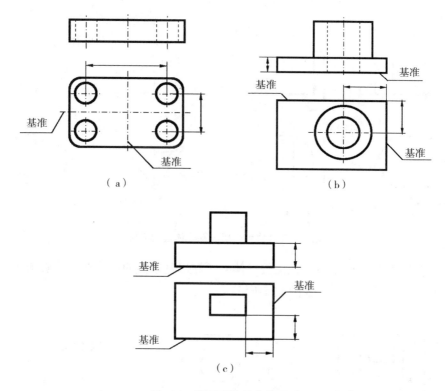

图4.22 常见形体的定位尺寸

3. 组合体表面具有相贯线和截交线时的尺寸标注

（1）截切体的尺寸标注

对于截断体，由于被截平面截切往往会出现切口和穿孔的结构，因此，除了要注出基本形体的尺寸外，还应注出截平面的位置尺寸。但不必注出截交线的尺寸，因为当基本体与截平面的相对位置一旦确定，截断体的形状与大小也就完全确定下来了。

带斜面和切口的基本体，这类形体除注出基本体的尺寸外，还要标出确定斜面和切口平面位置的尺寸。

因为切口交线是由切平面位置确定的，是切平面截断形体而产生的截交线，因此不需要注其尺寸，若注其尺寸，即属错误尺寸。如图4.23所示。

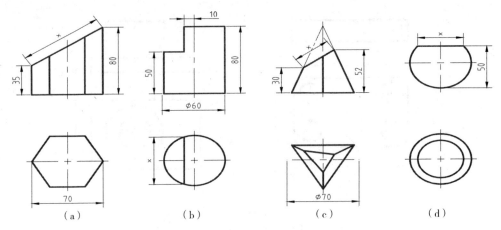

图4.23 带斜面和切口的基本体及尺寸标注

　　带凹槽和穿孔的基本体，这类形体除了注出基本体的尺寸外，还必须注出槽和孔的大小和位置尺寸。如图4.24所示。

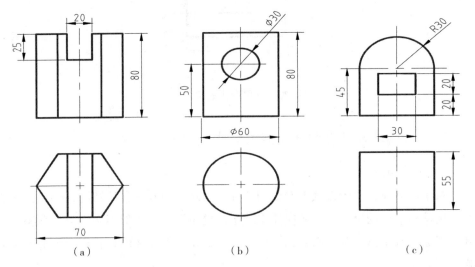

图4.24 带凹槽和穿孔的基本体及尺寸标注

（2）相贯体的尺寸标注

　　对于相贯体，因为是由两基本体相交得到的，也只有当相交两基本体的形状、大小及相对位置确定以后，形成的相贯线的形状、大小及相对位置才能完全确定下来，所以除了要注出相交两基本体的尺寸外，还应注出确定两基本体相对位置的尺寸，但同样也不必注出相贯线的尺寸，如图4.25所示。

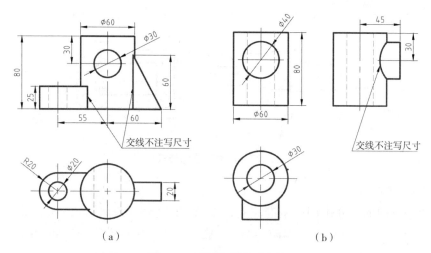

图4.25 相贯体的尺寸标注

不能在相贯线和截交线上直接注尺寸，示例如下图4.26。

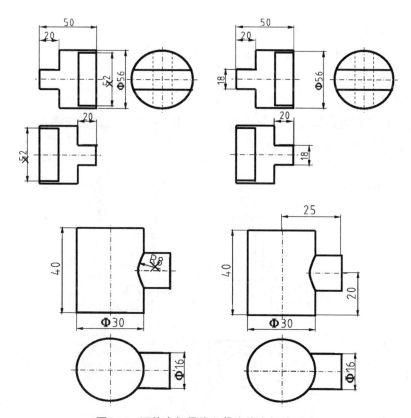

图4.26 不能在相贯线和截交线上标注尺寸

4.尺寸标注的形式

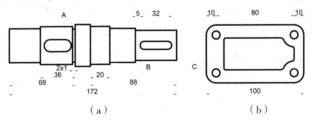

图4.27　尺寸标注的形式

（1）坐标式

同一方向的尺寸由同一基准注起，如图4.27（a）中所示的2×1、36、68尺寸均从端面A为起点标注，端面A是设计基准，其中36是重要的尺寸，而68是联系尺寸。这种标注形式的优点是各环轴向尺寸不会产生累积误差，但不易保证各环尺寸精度的要求。

（2）链式

同一方向的尺寸首尾相接，如图4.27（b）中所示10、80、10尺寸。其优点是可以保证每一环的尺寸精度要求，但每一环的误差累积在总长上，使总长80的尺寸不能保证。

（3）综合式

将坐标式和链式综合在一起进行尺寸标注，这种形式最适应零件的设计和加工要求，被广泛应用，如图4.27（a）所示。

5.标注示例

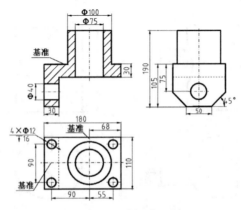

图4.28　尺寸标注示例

首先，进行形体分析；其次，逐个标注每一基本形体的定形、定位尺寸；最后，标注总体尺寸。

二、尺寸标注必须合理

所谓合理，是指图样上所标注的尺寸既要符合零件的设计要求，又要符合生产实际要求，便于加工和测量，并有利于装配。

1. 基准的概念

（1）基准

基准是尺寸标注的起点。根据零件的结构特点和在部件中所起的作用，零件上的点、线、面均可作为尺寸基准。如图4.29所示，在尺寸标注时有两种基准：设计基准和工艺基准。

①设计基准：在设计中，为满足零件在机器或部件中对其结构、性能的特定要求而选定的一些基准，称为设计基准。如图4.29（a）所示$\phi 32$孔的轴线是径向的主要基准，除了键槽高度方向的尺寸外，高度方向的其他尺寸均以此为基准进行标注，以满足使用要求，故该基准为设计基准，由该基准直接标注出的尺寸称为重要尺寸。

②工艺基准：考虑到零件的生产，为便于零件的加工、测量和装配而选定的一些基准，称为工艺基准。如图4.29（a）所示$35^{+0.2}_{0}$尺寸是以工艺基准为起点标注的尺寸，这样便于测量，如图4.29（b）所示可用游标卡尺直接测量。若以设计基准为起点，则不易测量，如图4.29（c）所示的标注不合理。

每个零件的长、宽、高各方向至少有一个基准，而根据设计、加工、测量上的要求，一般还要附加一些基准。我们把决定零件主要尺寸的基准称为主要基准，而把附加的基准称为辅助基准。零件在三个方向各有一个主要基准，其余为辅助基准。主要基准与辅助基准之间应有尺寸相联系，如图4.29（a）所示，$\phi 32$是设计基准与辅助基准的联系尺寸来标注$35^{+0.2}_{0}$尺寸。

（2）基准的选择

为了减少误差，保证设计要求，应尽可能使设计基准和工艺基准重合。当两基准不能重合时，以设计基准为主，兼顾工艺基准，如图4.29所示。

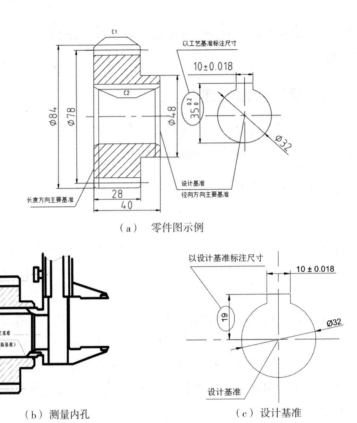

（a）零件图示例

（b）测量内孔　　　　　　　　　　（c）设计基准

图4.29　设计基准与工艺基准示例

2.正确地选择基准

尺寸标注应正确选择基准，如设计基准、工艺基准等，见图4.30。

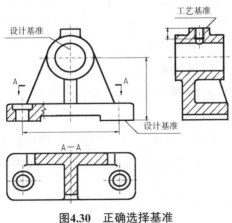

图4.30　正确选择基准

3. 主要尺寸应直接注出

主要尺寸指影响产品性能、工作精度和配合的尺寸。非主要尺寸指非配合的直径、长度、外轮廓尺寸等。如图4.31所示，孔中的高度应从最底部开始测量。

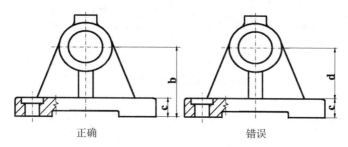

图4.31　主要尺寸应直接标出

4. 避免出现封闭的尺寸链

因零件在实际加工过程中会出现误差，若注成封闭的尺寸链，则各环尺寸精度就会相互影响，不能保证设计要求。正确的标注方法是选择不太重要的一环不注尺寸，如图4.32右图中所示的C环，零件加工过程中出现的累积误差可集中地反映在此环上，从而保证了零件的使用性能。

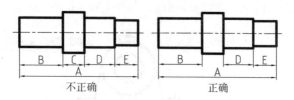

图4.32　不要注成封闭尺寸链

5. 应尽量符合加工顺序

如图4.33所示零部件，其最优加工顺序应如图4.34所示。

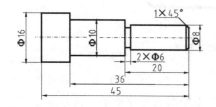

图4.33　待加工的某零部件

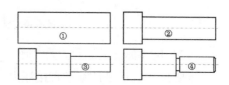

图4.34　图4.33中零部件的最优加工顺序

6. 应考虑测量方便

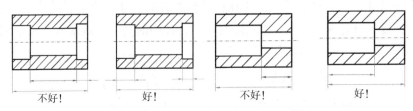

不好！　　　　　好！　　　　　不好！　　　　　好！

图4.35　测量位置比较示例

7. 标注示例

现以轴承座为例，画出如图4.36（a）中所示轴承座的视图并标注尺寸。

（1）分析零件结构，确定主要基准

从设计的角度来研究，通常一根轴需要两个轴承座来支承，两个轴承座的轴孔应处于同一轴线上，即两个轴承座轴孔的轴线距底面等高，这样才能保证被支承的轴不倾斜而正常工作。因此，轴承座的底面是高度方向的主要基准；为了保证底板两个螺栓孔相对于轴承座孔的对称关系，以轴承座的对称平面为基准标注两孔长度方向的定位尺寸，故轴承座的对称面是长度方向的主要基准；而宽度方向的主要基准则是轴承座与轴的接触面，如图4.36（b）所示。

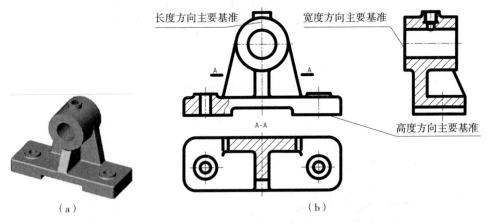

（a）　　　　　（b）

图4.36　轴承座的尺寸基准

（2）尺寸标注应满足设计要求

重要尺寸应从设计基准直接注出。所谓的重要尺寸是指影响产品性能、工作精度和配合的尺寸；非重要尺寸则是指非配合的直径、长度、外轮廓尺寸等。

如图4.37（a）所示，轴承座轴孔的中心高40±0.02是高度方向的重要尺寸，应直接从基准标注。而不能按照图4.37（b）所示标注尺寸30±0.02，因为在制造过程中，任何一个尺寸都不可能加工得绝对准确，30±0.02和10这两个尺寸的积累误差，就会影响轴的安装高度，而不能满足设计要求。同理，轴承座上的两个安装螺孔的中心距65应按图4.37（a）所示直接注出。若按图4.37（b）所示分别标注尺寸12.5，则中心距将会受到尺寸90和两个12.5尺寸的制造误差的影响。

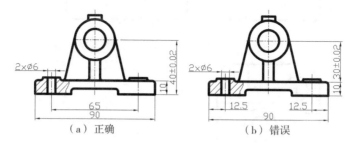

（a）正确　　　　　　　　（b）错误

图4.37　重要尺寸应直接标注

练　习

1. 根据立体图上标注的尺寸，按1∶1比例画出组合体的三视图。

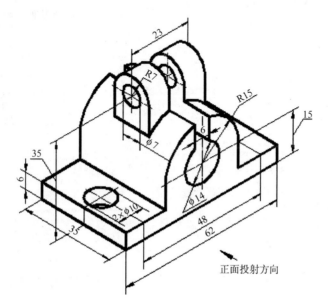

2. 标注尺寸。

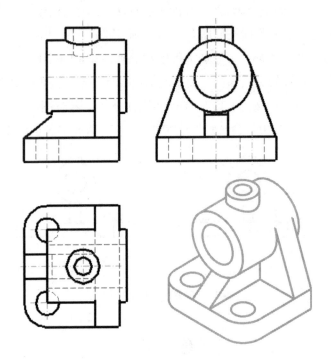

第五章 轴测图

多面正投影图能完整、准确地反映物体的形状和大小，且度量性好、作图简单，但立体感不强，只有具备一定读图能力的人才能看懂。有时工程上还需采用一种立体感较强的图来表达物体，即轴测图。轴测图是用轴测投影的方法画出来的富有立体感的图形，它接近人们的视觉习惯，但不能确切地反映物体真实的形状和大小，并且作图较正投影复杂，因而在生产中它作为辅助图样，工程上常用轴测图来表达机器外观、内部结构或工作原理等，用来帮助人们读懂正投影图。

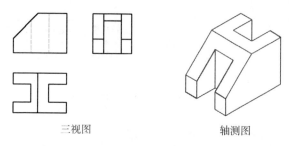

三视图   轴测图

三视图需要学过制图的才能看明白；轴测图直观，很容易看出形状。

在制图教学中，轴测图也是发展空间构思能力的手段之一，通过画轴测图可以帮助想象物体的形状，培养空间想象能力。

本章重点介绍的正等测、斜二测是工程上最常用的两种轴测图。两种轴测图的画法都有坐标法、切割法、组合法等，应根据不同零件的复杂程度和特点来选择轴测图，并确定使用何种绘图方法。

第一节 轴测图的基本知识

一、轴测图的形成、分类和特性

如图5.1所示，将物体和确定其空间位置的直角坐标系，沿不平行于任一坐标面的方向，用平行投影法将其投射在单一投影面上所得的具有立体感的图形叫做轴测图。

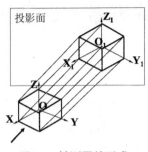

图5.1　轴测图的形成

按投射方向与轴测投影面正交或斜交，分别得到正轴测图和斜轴测图。详细划分如下图所示。其中p、q、r分别代表三个轴测轴方向的轴向伸缩系数，具体后面会讲到。

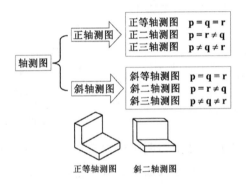

由于轴测图是用平行投影法获得的，因此，它具有平行投影的投影特性。

①物体上互相平行的线段，在轴测图上仍互相平行。

②物体上两平行线段或同一直线上的两线段，其长度之比在轴测图上保持不变。

③物体上平行于轴测投影面的直线和平面，在轴测图上反映实长和实形。

二、轴测图的轴测轴、轴间角和轴向伸缩系数

确定物体空间位置的直角坐标系的三根坐标轴X、Y、Z，在轴测投影面上的投影X_1、Y_1、Z_1称为轴测轴，它们之间的夹角称为轴间角。

轴测图的单位长度与相应直角坐标轴的单位长度的比值，称为轴向伸缩系数。X_1、Y_1、Z_1三个轴测轴方向的轴向伸缩系数分别用p、q、r表示，由图5.2可以看出：

$$p=O_1A_1/OA \qquad q=O_1B_1/OB \qquad r=O_1C_1/OC$$

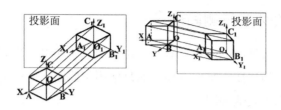

图5.2　轴向伸缩系数

绘制轴测图时，先确定轴间角和轴向伸缩系数，再根据物体在坐标系的位置，沿平行于相应轴的方向测量物体上各边的尺寸或确定点的位置。

正等轴测图及斜二轴测图的区别如表5.1所示。

表5.1　　　　　　　　　　　正等轴测图及斜二轴测图的区别

	投影方法	轴间角	轴向伸缩系数	特点
正等轴测图	正投影	X、Y、Z三轴的投影夹角都为120°	$p_1=q_1=r_1=0.82$ 简化$p=q=r=1$	较实际放大了1.22倍，方便、直观
斜二轴测图	斜投影	X、Z轴的投影夹角为90°，X、Y与Y、Z轴间夹角为135°	$p=r=1$；$q=0.5$	在XOZ平面上反映实形

第二节　正等测

当物体上的三根直角坐标轴与轴测投影面的倾角相等时，根据平行投影中的正投影法投影所得到的图形，称为正等轴测图，简称正等测。

正等测中的三个轴间角都等于120°，如图5.3所示。采用简化的轴向伸缩系数$p=q=r=1$，如此绘出的正等测图较实际放大了$1/0.82 \approx 1.22$倍，对于图形的形状没有影响，但绘图时各轴向的尺寸都用实长度量，不用计算，比较方便。

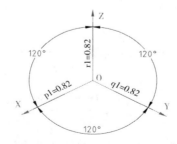

图5.3　正等测轴测图中的轴间角

一、平面立体正等测画法

绘制平面立体轴测图的方法，有坐标法、切割法和组合法等，主要介绍前两种。这两种方法不但适用于平面立体，而且适用于曲面立体；不但适用于正等测轴测图，而且适用于其他轴测图。

1. 坐标法

即根据立体表面上各顶点的坐标，分别画出它们的轴测投影，然后依次连接成立体表面的轮廓线的方法。坐标法是绘制轴测图的基本方法。

【例题】 根据下图（a）正六棱柱的主、俯视图，作出其正等测图。

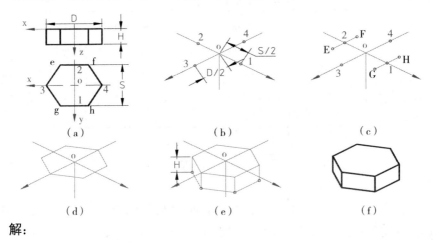

（a）　　　　　（b）　　　　　（c）

（d）　　　　　（e）　　　　　（f）

解：

（1）分析

首先要看懂两视图，想象出正六棱柱的形状大小。由上图（a）可以看出，正六棱柱的前后、左右都对称，因此，选择顶面（也可选择底面）的中点作为坐标原点，并且从顶面开始作图。

（2）作图

①在正投影图上确定坐标系，选取顶面（也可选择底面）的中点作为坐标原点，如上图（a）所示。

②画正等测轴测轴，根据尺寸S、D定出顶面上的Ⅰ、Ⅱ、Ⅲ、Ⅳ四个点，如上图（b）所示。

③过Ⅰ、Ⅱ两点作直线平行于OX，在所作两直线上各截取正六边形边长的一半，得顶面的四个顶点E、F、G、H，如上图（c）所示。

④连接各顶点，如上图（d）所示。

⑤过各顶点向下取尺寸H，画出侧棱及底面各边，如上图（e）所示。

⑥擦去多余的作图线，加深可见图线即完成全图，如上图（f）所示。

2.切割法

适用于带切口的平面立体，它以坐标法为基础，先用坐标法画出完整平面立体的轴测图，然后用切割方法逐步画出各个切口部分。

【例题】如下图（a）所示，用切割法绘制形体的正等测轴测图。

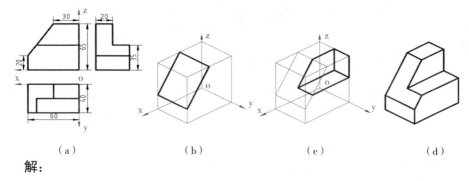

| （a） | （b） | （c） | （d） |

解：

（1）分析

通过对上图（a）所示的物体进行形体分析，可以把该形体看作是由一长方体斜切左上角，再在前上方切去一个六面体而成。画图时可先画出完整的长方体，然后再切去一斜角和一个六面体而成。

（2）作图

①确定坐标原点及坐标轴，如上图（a）所示。

②画轴测轴，根据给出的尺寸作出长方体的轴测图，然后再根据20和30的尺寸作出斜面的投影，如上图（b）所示。

③沿Y轴量尺寸20作平行于XOZ面的平面，并由上往下切，沿Z轴量取尺寸35作XOY面的平行面，并由前往后切，两平面相交切去一角，如上图（c）所示。

④擦去多余的图线，并加深图线，即得物体的正等轴测图，见上图（d）。

二、曲面立体正等测画法

曲面立体表面除了直线轮廓外，还有曲线轮廓线。曲线轮廓线通常是圆和圆弧。要画曲面立体的轴测图必须研究圆和圆弧的轴测图。

1. 平行于坐标面的圆的正等测图

根据正等测的形成原理可知，平行于坐标面的圆的正等测图是椭圆。图5.4表示按简化伸缩系数绘制的分别平行于XOY、XOZ和YOZ三个坐标面的圆的正等测投影。这三个圆可视为处于同一个立方体的三个不同方位的表面上。

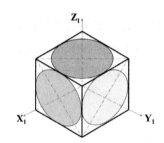

图5.4 平行于坐标面的圆的正等测图

绘图时，为简化作图，通常采用四段圆弧连接成近似椭圆的作图方法——四心椭圆法。如图5.5所示，可说明这种近似画法的作图步骤。

①画圆的外切菱形；

②确定四个圆心和半径；

③分别画出四段彼此相切的圆弧。

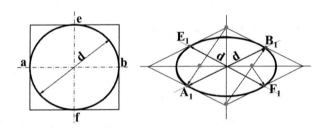

图5.5 椭圆的作图方法——四心椭圆法

2.画法举例

【例题】作圆柱体的正等测图，如下图（a）所示。

从投影图可知，圆柱体的轴线为铅垂线，顶圆、底圆都是水平圆，可取顶圆的圆心为原点，选取如下图（a）所示的坐标轴。用近似法画出顶圆轴测投影椭圆后，可将绘制该椭圆各段圆弧的圆心沿Zl轴向下移动一个柱高的距离，就可得到绘制下底椭圆的各段圆弧的圆心位置，如下图（b）。判别可见性后，只画出底圆可见部分的轮廓，如下图（c）所示。

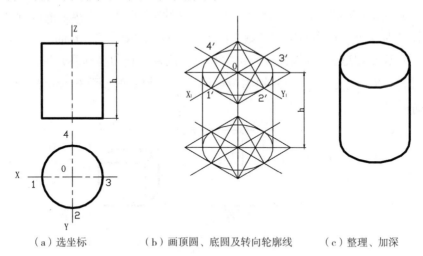

（a）选坐标　　　　　（b）画顶圆、底圆及转向轮廓线　　　　（c）整理、加深

四、组合体正等测画法

画组合体轴测图时，先用形体分析法分解组合体，然后按分解的形体依次画各部分的结构。作图过程中要注意各部分的结合关系。

作支架的正等测图，作图步骤如图5.6所示。

①根据视图确定坐标，如图5.6（a）；

②画出底板，并确定竖板孔和底板孔圆心位置，如图5.6（b）；

③画出各椭圆，并完成竖板的作图，如图5.6（c）；

④擦去作图线和不可见的线，加深，如图5.6（d）。

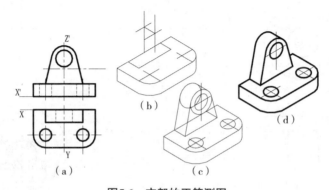

图5.6　支架的正等测图

第三节　斜二测

由于XOZ坐标面平行于轴测投影面，所以轴测轴O_1X_1和O_1Z_1，仍分别为水平方向和铅垂方向，其轴向伸缩系数为$p=r=1$；与水平线成45°方向的O_1Y_1轴，其轴向伸缩系数q为0.5。将物体连同确定其空间位置的直角坐标系，用斜投影的方法投射到与XOZ坐标面平行的轴测投影面上，所得到的轴测投影图称斜二轴测图，简称斜二测。

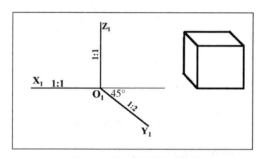

图5.7　斜二测的轴测轴

斜二测中轴测轴的位置如图5.7所示。由于斜二测中XOZ坐标面平行于轴测投影面，所以物体上平行于该坐标面的图形均反映实形。如果这个图形上的圆或圆弧较多，作图较方便。因此，当物体仅在某一方向上有圆或圆弧时，常采用斜二测的轴测图来表达。

【例题】作出如下图（a）所示的法兰盘的轴测图。

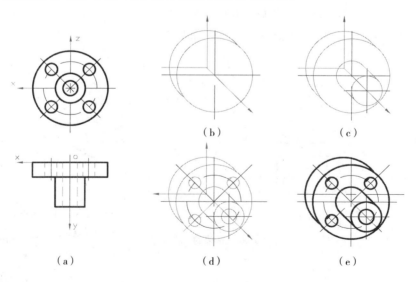

（a）　　　　　　（b）　　　　　　（c）

（d）　　　　　　（e）

解：

（1）分析

该物体平行于坐标面XOZ的平面上具有较多的圆和圆弧，因此确定采用斜二测图。

（2）作图步骤

①确定参考直角坐标系，取法兰盘后表面的中心作为坐标原点，如上图（a）所示；

②画出斜二测轴测轴及后端的圆柱板，如上图（b）所示；

③画出前端的小圆柱，如上图（c）所示；

④画出圆柱板上的四个圆孔及小圆柱上的圆孔，如上图（d）所示；

⑤检查，擦去多余的图线并描深，完成全图，如上图（e）所示。

第六章　图样的常用表示法

在实际生产中，机件的结构形状是多种多样的，仅仅运用前面介绍的三个视图还不能表达清楚。为此，国家标准"机械制图"的"图样画法"（GB/T4458—2002）中规定了视图、剖视图、断面图等基本表示法。熟悉并掌握这些基本表示法，才能根据机件不同的结构特点，完整、清晰、简明地表达机件的各部分形状。

图样的常用表示法主要有如下几种。

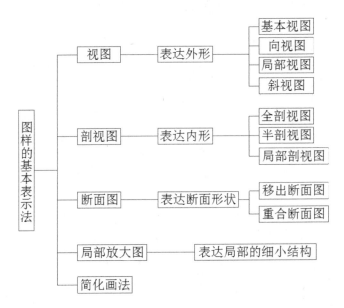

通过本章的学习，要掌握图样的常用表示法。对机件的表达，做到选择视图恰当，表达合理完整。

第一节　视图

视图主要用于表达机件的外形结构，通常有基本视图、向视图、局部视图和斜视图。

一、基本视图

机件向基本投影面投影所得到的视图称为基本视图。

在三个相互垂直的投影面组成的三投影面体系中，可得到主视图（正立投影面）、俯视图（水平投影面）、左视图（侧立投影面）三个视图。

如果在三投影面的基础上再加三个投影面，也就是在原来三个投影面的对面再增加三个面，就构成了一个空间六面体，然后将物体再从右向左投影，得到右视图；从下向上投影，得到仰视图；从后向前投影，得到后视图。

这样加上原来的三视图，就得到了主视图、俯视图、左视图、右视图、仰视图、后视图。这六个视图称为基本视图。如图6.1所示。

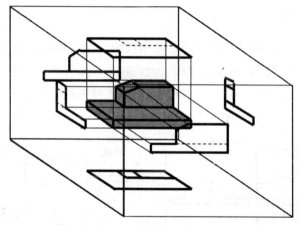

图6.1　六个视图称为基本视图

再把图6.1的六个投影面展开，如图6.2所示。

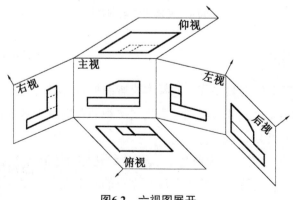

图6.2　六视图展开

六面视图的投影对应关系如图6.3，其度量对应关系仍遵守"三等"规律。

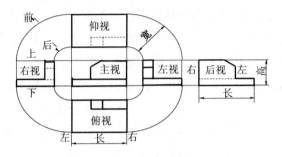

图6.3　六视图度量对应关系

二、向视图

向视图不像基本视图那样是固定视角投影，是可以自由配置投影视角的视图。由于图纸幅面及图面布局等原因，允许将视图配置在适当位置，这时应该作如下标注：在向视图的上方标出字母，在相应的视图附近用箭头指明投影方向，并注上同样的字母。如图6.4所示。

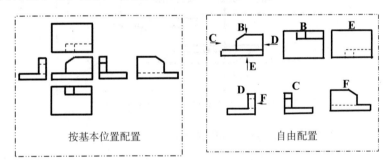

按基本位置配置　　　　　自由配置

图6.4　基本视图与向视图

三、局部视图

局部视图是将物体的某一部分向基本投影面投射所得的视图。

局部视图是不完整的基本视图，利用局部视图可以减少基本视图的数量，使表达简洁，重点突出。

如图6.5采用了主视图和俯视图，其主要结构已经表达清楚，还有左、右两侧的凸缘结构尚未表达清楚，若再画两个完整的基本视图（左视图和右视图），大部分投影重复，此时便可像图中A、B两个局部视图，只画出所需要表达的部分，这样重点突出、简单明了，有利于看图和画图。

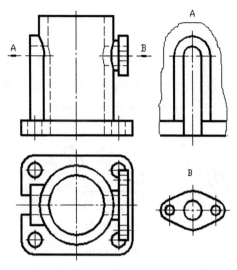

图6.5 局部视图

类似情况还有图6.6所示。

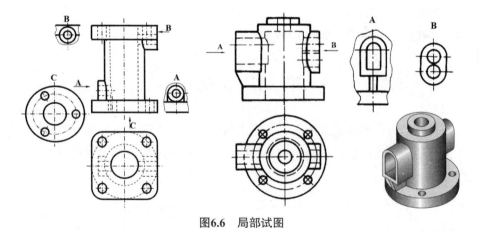

图6.6 局部试图

注意事项：

①用带字母的箭头指明要表达的部位和投射方向，并注明视图名称。

②局部视图可按基本视图的形式配置，也可按向视图的形式配置并标注。

③局部视图的断裂边界应以波浪线表示。当所表达的局部结构具有完整封闭的轮廓特征时，波浪线可以省略不画，如图6.6所示的任何视图。

四、斜视图

斜视图是将物体向不平行于基本投影面的平面投影所得的视图。

当物体的表面与投影面成倾斜位置时，其投影不反映实形。例如图6.7所示是一个弯板形机件，它的倾斜部分在俯视图和左视图上的投影都不是实形。此时可增加平行于该倾斜结构的表面且垂直某一基本投影面的辅助投影面，然后将倾斜结构向该辅助投影面投射，所得的视图即为斜视图。

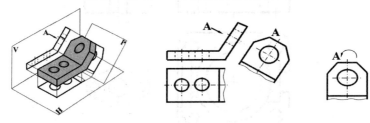

图6.7　斜试图

机件的右上部斜板结构与基本投影面倾斜，为了反映这部分结构的实形，增设一个与倾斜表面平行的辅助投影面，将倾斜部分向辅助投影面投射。

斜视图通常按向视图的形式配置并标注。必要时，允许将斜视图旋转配置，但需在斜视图上方注明，如图6.7所示。

第二节　剖视图

当机件的内部形状较复杂时，视图上将出现许多虚线，不便于看图和标注尺寸。为清晰地表达机件的内部结构形状，国标图样画法规定采用剖视图来表达。如图6.8所示。

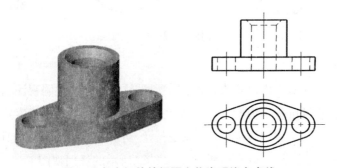

图6.8　复杂机件的视图上将出现许多虚线

一、剖视图的概念

剖视图主要用来表达机件的内部结构。

假想用一剖切面将机件剖开，移去剖切面和观察者之间的部分，将其余部分向投影面投射，并在剖面区域内画上剖面符号，此投射所得图形称为剖视图，也可简称剖视。如图6.9所示。

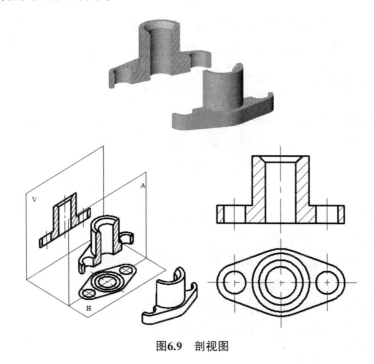

图6.9 剖视图

二、剖视图的基本画法

1.确定剖切位置

一般用平面作剖切面（也可用柱面）。为了在主视图上表达出机件内部结构的真实形状，避免剖切后产生不完整的结构要素，在选择剖切平面时，应使其平行于投影面，并尽量通过机件的对称面或内部孔、槽等结构的轴线。

2.画剖视图轮廓线

由于剖切方法是假想的，当某个视图画成剖视后，并不影响其他视图的完整性。机件剖开后，处在剖切平面之后的所有可见轮廓线都应画出来。

3. 画剖面符号

在剖视图中，凡与剖切面接触到的实体部分称为剖面区域。不同的材料用不同的剖面符号，国家标准规定了各种材料类别的剖面符号。不需要在剖面区域中表示材料的类别时，可以采用通用剖面线表示。通用剖面线应以适当角度的细实线绘制，最好与主要轮廓或剖面区域的对称线成45°角。在同一张图纸内同一机件的所有剖面线，应保持方向与间隔一致。

4. 剖视图的标注

剖视图的标注包括三个部分：剖切平面位置、投射方向和剖视图的名称。

在剖视图中用剖切符号（粗短画线）标明剖切平面的位置，并注写剖视图的名称（大写字母），最后用箭头指明投影方向。

视图名称：在剖视图上方标注"A—A"，表示剖视图名称。

完整标注：剖视图用剖切符号、剖切线和字母进行标注。

省略标注：当剖视图按投影对应关系配置，满足以下三个条件方可不标：

①单一剖切平面通过机件的对称平面或者基本对称平面剖切；

②剖视图按投影关系配置；

③剖视图与相应视图没有其他图形隔开。

剖视图的画法及其标注如图6.10所示。

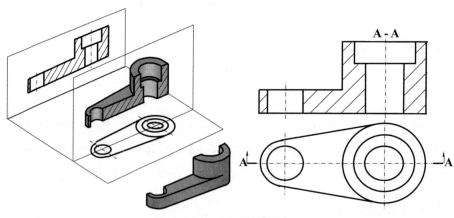

图6.10 剖视图的标注

5. 画剖视图的注意事项

①剖切平面的选择：通过机件的对称面或轴线且平行或垂直于投影面。

②剖切是一种假想，其他视图仍应完整画出，并可取剖视。

③剖切面后方的可见部分要全部画出。

④在剖视图上已经表达清楚的结构，在其他视图上此部分结构的投影为虚线时，其虚线省略不画。但没有表示清楚的结构，允许画少量虚线。

⑤不需在剖面区域中表示材料的类别时，剖面符号可采用通用剖面线表示。通用剖面线为细实线，最好与主要轮廓或剖面区域的对称线成45°角；同一物体的各个剖面区域，其剖面线画法应一致。

6. 几种结构不同的零件的剖视

如图6.11所示。

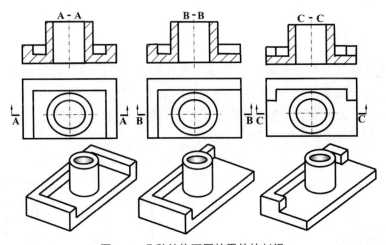

图6.11　几种结构不同的零件的剖视

三、剖视图的种类

1. 全剖视图

用剖切面完全地剖开机件所得的剖视图，称为全剖视图，如图6.9、图6.10、图6.12。

全剖视图一般用于表达外部形状比较简单、内部结构比较复杂的机件。

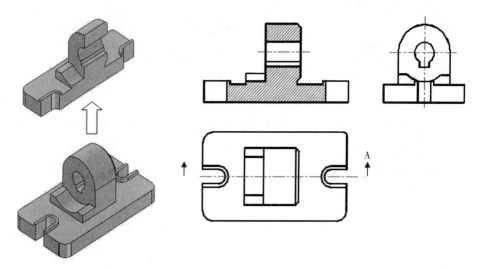

图6.12 全剖视图

2.半剖视图

当机件具有对称平面时，在垂直于对称平面的投影面上，以对称中心线为界，一半画成剖视，另一半画成视图，这样组成一个内外兼顾的图形，称为半剖视图。一般不必画虚线。若机件形状接近于对称，且不对称部分已另有图形表达清楚时，也可画成半剖视图。

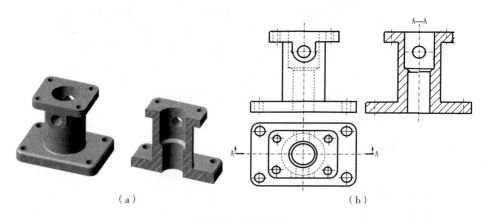

（a） （b）

图6.13 全剖视图

上图6.13（a）如果画成图6.13（b）的全剖视图，则不能表达外形。

解决办法就是画成半剖视图，如图6.14所示。

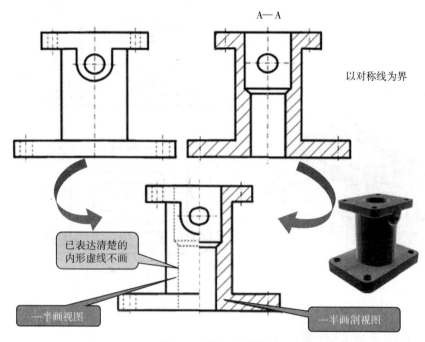

图6.14　图6.13机件的半剖视图

值得注意的是，半个视图与半个剖视图的分界线用细点画线，而不能用粗实线。机件的内部形状已在半剖视图中表达清楚，在另一半表达外形的视图中不必再画出虚线。

半剖视图既表达了机件的内部形状，又保留了外部形状，所以常用于表达内、外形状都比较复杂的对称机件。

3. 局部剖视图

用剖切面局部剖开机件得到的剖视图称为局部剖视图。

需要注意的是，局部剖视图中已表达清楚的结构形状虚线不再画出；视图与剖视图的分界线为细波浪线或双折线，波浪线应画在机件的实体上，不能超出实体轮廓线，也不能画在机件的中空处；波浪线不应画在轮廓线的延长线上，也不能用轮廓线代替，或与图样上其他图线重合。

局部剖视是一种较灵活的表达方法，剖切范围根据实际需要决定。但在一个视图中，局部剖视的数量不宜过多，在不影响外形表达的情况下，可在较大范围画成局剖视图，以减少局剖视图的数量。如图6.15所示。

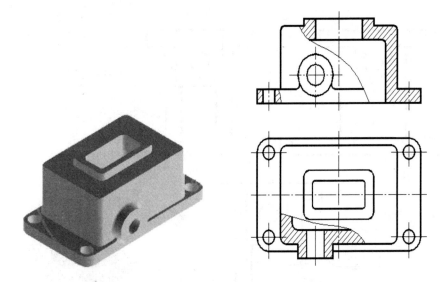

图6.15　局部剖视图

四、剖切平面的种类

生产中的机件，由于内部结构形状各不相同，剖切时常采用不同位置和不同数量的剖切面。国家标准规定，根据机件的结构特点，可选择以下剖切面：单一剖切面、几个平行的剖切面、几个相交的剖切面（交线垂直于某一投影面）。当选择不同剖切面时，得到的剖视图可给予相应的名称，主要包括阶梯剖视图、旋转剖视图、斜剖视图和复合剖视图。

1. 单一剖切面

包括平行于基本投影面的剖切平面，如全剖、半剖、局部剖等；不平行于基本投影面的剖切平面，如斜剖。

2. 两个相交的剖切平面

也称为旋转剖。两个相交的剖切平面，其交线应垂直于某一基本投影面。

如果机件内部的结构形状仅用一个剖切面不能完全表达，而且这个机件又具有较明显的主体回转轴，可采用旋转剖视图。

采用这种方法画剖视图时，先假想按剖切位置剖开机件，然后将被剖切平面剖开的倾斜部分结构及其有关部分，绕回转中心（旋转轴）旋转到与选定的基本投影面平行后再投影，如图6.16所示。

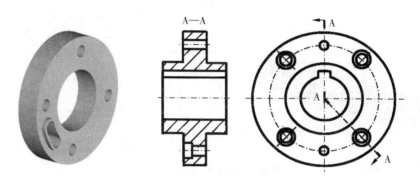

图6.16 旋转剖视图

3.几个平行的剖切平面

也叫阶梯剖，阶梯剖必须有剖切符号表示剖切位置，在起讫和转折处注写字母。剖切平面是假想的，不应画出剖切平面转折处的投影。剖视图中不应出现不完整结构要素。如图6.17所示。

适用范围：当机件上的孔槽及空腔等内部结构不在同一平面内时。

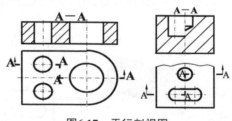

图6.17 平行剖视图

第三节 断面图

轴类机件是生产生活中最为常见的机件之一，如图6.18（a）所示。若想了解该机件的孔和键槽的结构需得到横截面图，如果采用剖视图还需将除断面外的可见部分全部画出，比较麻烦，此时可采用断面图。

假想用剖切平面将机件的某处切断，仅画出剖切面与机件接触部分的图形称为**断面图**，如图6.18（b）所示。

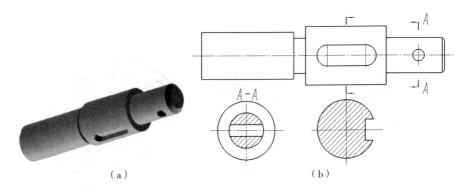

图6.18　轴类机件及其断面图

断面图与剖视图的主要区别：断面图是仅画出机件断面的真实形状，如图6.18（b）所示；而剖视图不仅要画出其断面形状外，还要画出剖切平面后面所有的可见轮廓线，如图6.18（b）中A—A所示。

国家标准规定，按所画的位置不同，断面图可分为移出断面图和重合断面图两种。

一、移出断面图

画在视图范围以外的断面称为移出断面图，如图6.19所示。

图6.19　移出断面图

1. 移出断面图的画法

①移出断面的轮廓线用粗实线绘制，剖面线方向和间隔应与原视图保持一致。

②移出断面应尽量配置在剖切符号的延长线上，必要时，也可布置在其他位置。

③当剖切平面通过回转面形成的孔、凹坑的轴线时，这些结构按剖视绘制（如图6.20中的A–A）。当剖切平面通过通孔会导致出现完全分离的两个剖面时，这些结构也应按剖视绘制（如图6.20中的B–B）。

④对称的断面图形，可以配置在视图中断处，并且无须标注。

⑤为了清楚表达断面实形，剖切面一般应垂直于机件的直线轮廓线或通过圆弧轮廓的中心，若需要由两个或多个相交平面剖切得到移出断面时，中间应断开。

2. 移出断面的标注

①配置在剖切线的延长线上的不对称的移出断面图，可省略名称（字母）。

②配置在剖切线的延长线上的对称的移出断面图，可不标注。

③其余情况需全部标注。

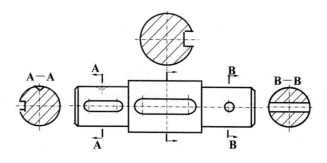

图6.20　移出断面图及标注

二、重合断面图

在不影响图形清晰的情况下，将断面画在视图轮廓范围以内，称为重合断面图，如图6.21所示。

为了使图形清晰，避免与视图中的线条混淆，重合断面的轮廓线用细实线画出。当重合断面的轮廓线与视图的轮廓线重合时，仍按视图的轮廓线画出，不应中断，如图6.21所示。

重合断面图的标注规定不同于移出断面图。对称的重合断面不必标注，配置在剖切线上的不对称的重合断面图可不注名称（字母）。

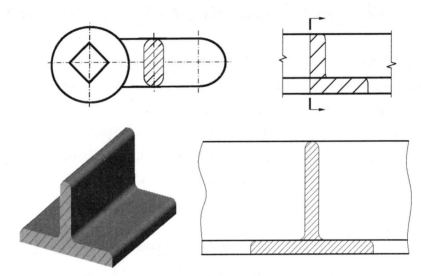

图6.21　重合断面图

第四节　局部放大图

绘图过程中，有些机件按正常比例绘制视图后，其中一些细小结构表达不够清楚，或不便于标注尺寸时（如图6.22所示机件），此时应采用局部放大图来表达。

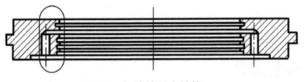

图6.22　机件的细小结构

将机件的部分结构，用大于原图形所采用的比例画出的图形称为局剖放大图。如图6.23所示。

绘制局部放大图时，一般应用细实线圈出被放大的部位，在放大图的上方注明所用的比例，并尽量配置在被放大部位的附近。当同一机件有几处被放大时，必须用罗马数字依次标明被放大的部位，如图6.23所示。

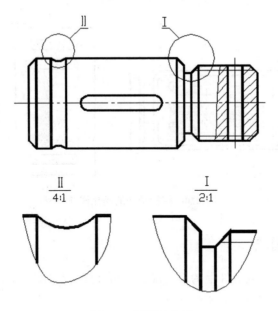

图6.23 局部放大图

局部放大图可以画成视图、剖视图和断面图，与放大结构的表达方式无关。局部放大图的比例，指该图形与实物的比例，与原图采用的比例无关。

第五节 常用简化画法

简化画法是指包括规定画法、省略画法、示意画法等在内的图示方法。其中，规定画法是对标准中规定的某些特定的表达对象所采用的特殊图示方法，如机械图样中对螺纹、齿轮的表达；省略画法是通过省略重复投影、重复要素、重复图形等达到使图样简化的图示方法，本节所介绍的简化画法多为省略画法；示意画法是用规定符号、较形象的图线绘制图样的表意性图示方法，如滚动轴承、弹簧的示意画法等。

一、相同结构的简化画法

当机件上具有若干相同结构（齿、槽、孔等），并按一定规律分布时，只需要画出几个完整结构，其余用细实线相连或标明中心位置，并注明总数即可，如图6.24所示。

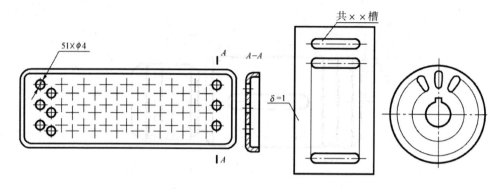

图6.24　相同结构的简化画法

二、示意画法

网状物、编织物或机件上的滚花部分，可在轮廓线附近用细实线示意画出，并标明其具体要求，如图6.25（a）所示。

当图形不能充分表达平面时，可以用平面符号（相交的细实线）表示，如图6.25（b）所示。

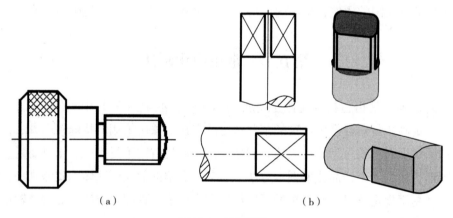

（a）　　　　　　　　　　　（b）

图6.25　示意画法

三、折断画法

对于较长的机件（轴、杆、型材、连杆等）沿长度方向的形状一致或按一定的规律变化时，可断开缩短画出，但标注尺寸时仍须标注实际长度，如图6.26所示。

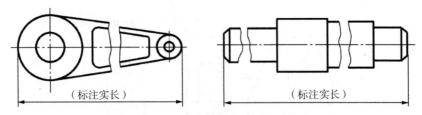

图6.26 折断画法

四、均匀分布的肋板及孔、轮辐等结构的画法

若干直径相同且成规律分布的孔，可以仅画出一个或几个，其余只需用细点画线表示其中心位置。如图6.27所示。

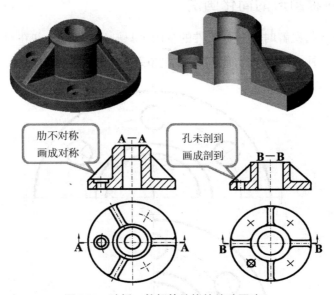

图6.27 肋板、轮辐等结构的特殊画法

五、肋板剖视的画法

对于机件的肋板，如按纵向剖切，肋板不画剖面符号，而用粗实线将它与其邻接部分分开。如图6.28所示。

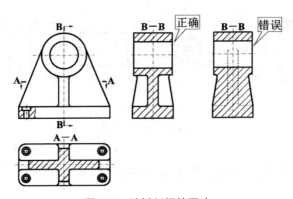

图6.28 肋板剖视的画法

六、对称图形的简化画法

在不致引起误解时，对称机件的视图可只画1/2或1/4，并在对称中心线的两端画出两条与其垂直的平行细实线，如图6.29所示。

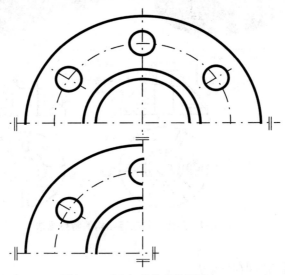

图6.29 对称机件的简化画法

七、局部视图简化画法

零件上对称结构的局部视图，可按图6.30所示的方法简化。

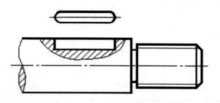

图9.30　局部视图简化画法

练　习

1. 把主视图画成全剖视图。

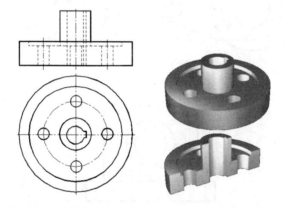

2. 把主视图画成全剖视图。

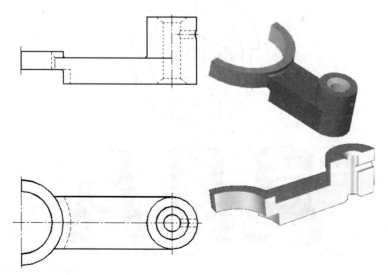

3. 把主视图画成半剖视图。

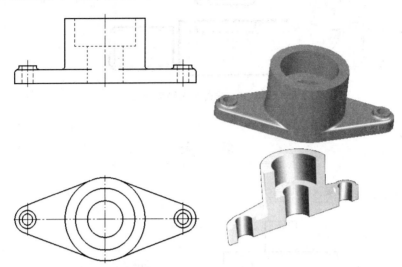

4. 把主、俯视图画成半剖视图。

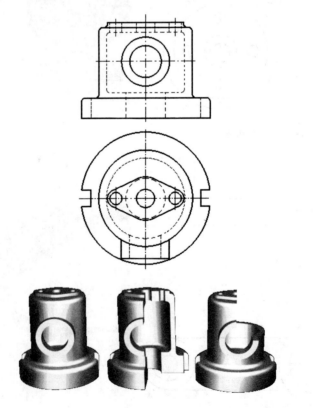

5. 把主视图画成半剖视图。

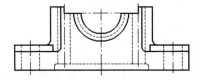

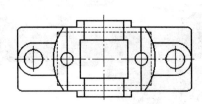

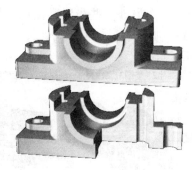

第七章　常用标准件的表示法

　　各种机械中广泛使用螺钉、螺栓、螺母、垫圈、键、销、滚动轴承等零件。为了便于组织专业化生产，国家对这些零件的结构、尺寸实行了标准化，故称它们为标准件。而另外一些虽经常使用，但只是结构定型、部分参数标准化的零件，如齿轮、弹簧等，称为常用件。

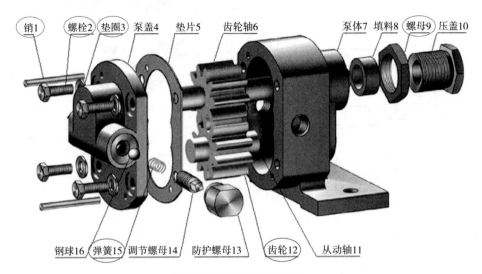

齿轮泵中的标准件和常用件

常用标准件

使用标准件和常用件的优点有：第一，提高零部件的互换性，利于装配和维修；第二，便于大批量生产，降低成本；第三，便于设计选用，以避免设计人员的重复劳动和提高绘图效率。

本章将主要介绍螺纹、螺纹紧固件、键、销、滚动轴承、齿轮、弹簧等的规定画法、代号和标记。

第一节　螺纹和螺纹紧固件

一、螺纹的基本知识

1. 螺纹的形成

螺纹为回转表面上沿螺旋线所形成的、具有相同剖面的连续凸起和沟槽。在圆柱面上形成的螺纹为圆柱螺纹，如图7.1所示；在圆锥面上形成的螺纹为圆锥螺纹。

螺纹在回转体外表面时为外螺纹，如图7.1（a）所示；在回转体内表面（即孔壁上）时为内螺纹，如图7.1（b）所示。

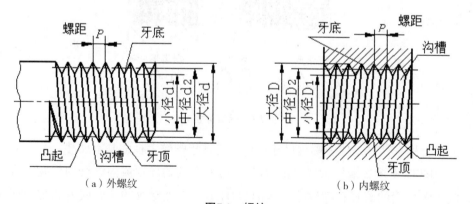

（a）外螺纹　　　　　　　　　　（b）内螺纹

图7.1　螺纹

图7.2（a）表示在车床上加工外螺纹的情况；加工内螺纹也可以在车床上进行；对于直径较小的螺孔，可先用钻头钻出光孔，再用丝锥功丝而得到内螺纹，如图7.2（b）所示。

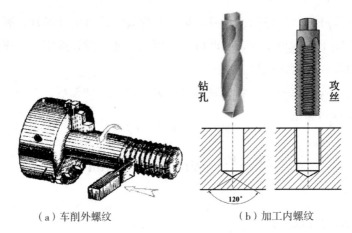

（a）车削外螺纹　　　　　　　（b）加工内螺纹

图7.2　螺纹的加工方法

2. 螺纹的要素

①螺纹牙型：在通过螺纹轴线的剖面上，螺纹的轮廓形状。有三角形、梯形等。

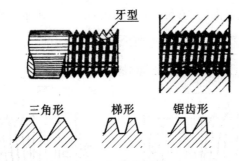

图7.3　螺纹牙型

②公称直径：是代表螺纹尺寸直径，通常指螺纹大径的基本尺寸。

如图7.1所示，螺纹大径（d、D）：与外螺纹的牙顶或内螺纹的牙底相重合的假想圆柱面的直径；螺纹小径（d1、D1）：与外螺纹的牙底或内螺纹的牙顶相重合的假想圆柱面的直径；螺纹中径（d2、D2）：是指通过螺纹牙型上沟槽和凸起宽度相等的地方的一个假想圆柱面的直径。

③线数（n）：螺纹有单线和多线之分。沿一条螺旋线形成的螺纹称为单线螺纹，沿两条或两条以上、在轴向等距分布的螺旋线形成的螺纹称为多线螺纹，如图7.4所示。

④螺距（P）和导程Ph：相邻两牙在中径线上对应两点间的轴向距离，称为螺距，如图7.1、7.4所示。同一螺旋线上的相邻两牙在中径线上对应两点间的轴向距离，称为导程，如图7.4所示。

单线螺纹的导程等于螺距，即Ph＝P；多线螺纹的导程等于线数乘以螺距，即Ph＝P×n。

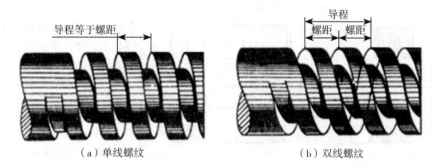

图7.4　单线螺距和双线螺距

⑤旋向：螺纹有左旋和右旋之分。按顺时针旋转时旋入的螺纹是常用的右旋螺纹；按逆时针旋转时旋入的螺纹是左旋螺纹。

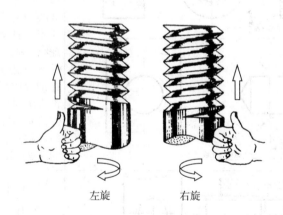

图7.5　螺纹的旋向

内、外螺纹是配合使用的，只有螺纹的牙型、公称直径、线数、螺距和旋向都完全相同的内、外螺纹才能进行旋合。

螺纹牙型的结构、尺寸（如公称直径、螺距等）都有标准系列。凡螺纹牙型、公称直径、螺距三项都符合标准的为标准螺纹；牙型符合标准，公称直径或螺距不符合标准的为特殊螺纹；牙型不符合标准的为非标准螺纹。

二、螺纹的规定画法

螺纹若按其真实投影作图，比较麻烦，为了简化作图，国家标准《机械制图》GB/T 4459.1—1995中规定了螺纹的画法，见表7.1。

表7.1　　　　　　　　　　　　　　　　螺纹的规定画法

名称	规 定 画 法	说 明
外螺纹	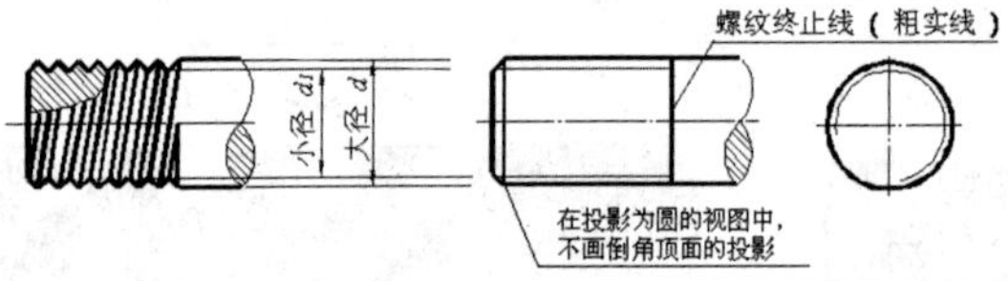	①螺纹牙顶圆的投影用粗实线表示，牙底圆的投影用细实线表示，螺杆的倒角或倒圆部分也应画出；螺纹的大径与小径的距离按粗实线的两倍宽度画出，最小的距离不小于0.7mm；
内螺纹	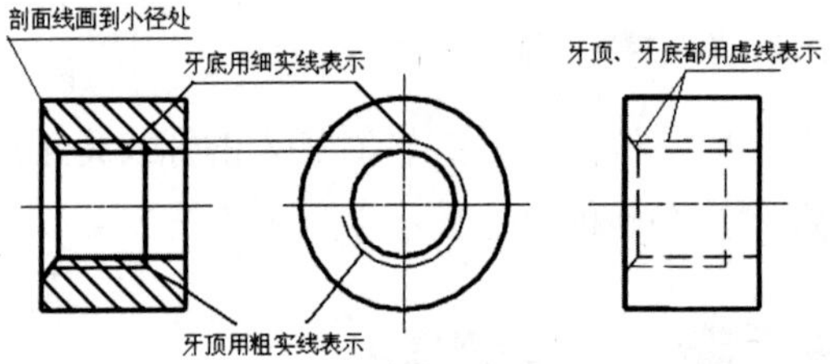	②在垂直于螺纹轴线的投影面的视图中，表示牙底圆的细实线只画出约3/4圈，此时，螺杆或螺孔上的倒角投影不应画出； ③螺纹终止线用粗实线表示； ④不可见螺纹的所有图线用虚线绘制； ⑤无论是外螺纹或内螺纹，在剖视或断面图中的剖面线都应画到粗实线； ⑥绘制不穿通的螺孔时，一般应将钻孔深度与螺线部分的深度画出
内外螺纹旋合时	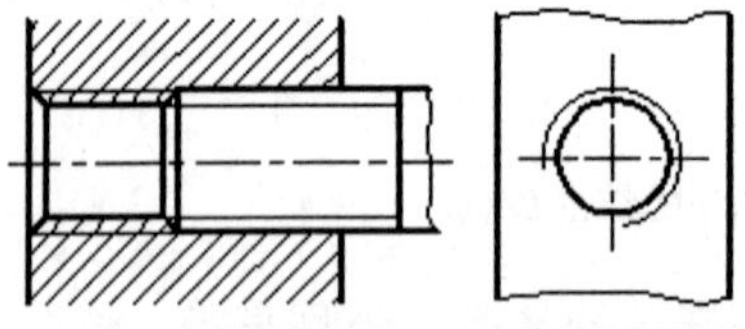	①在剖视图中，内外螺纹的旋合部分按外螺纹的画法绘制； ②未旋和部分按各自的规定画法绘制

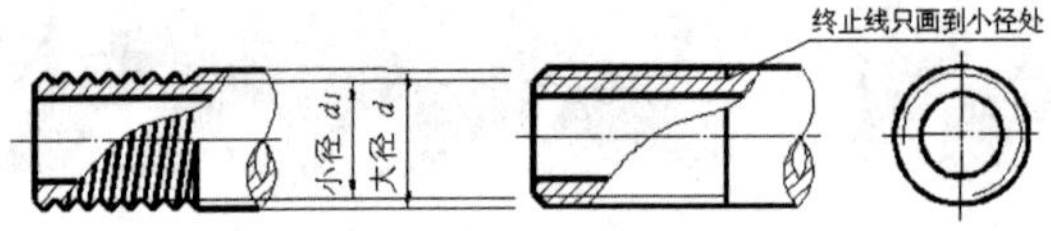

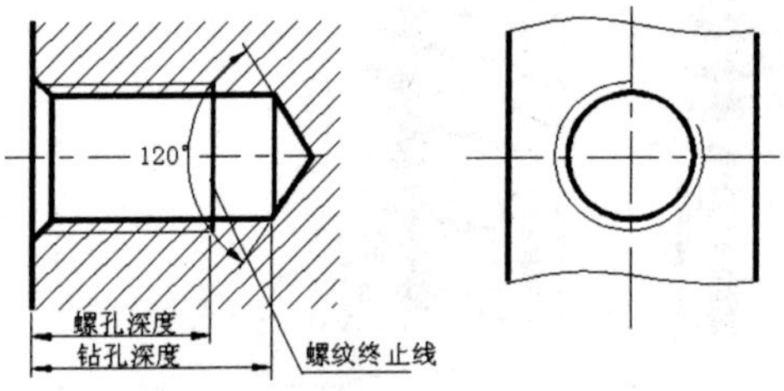

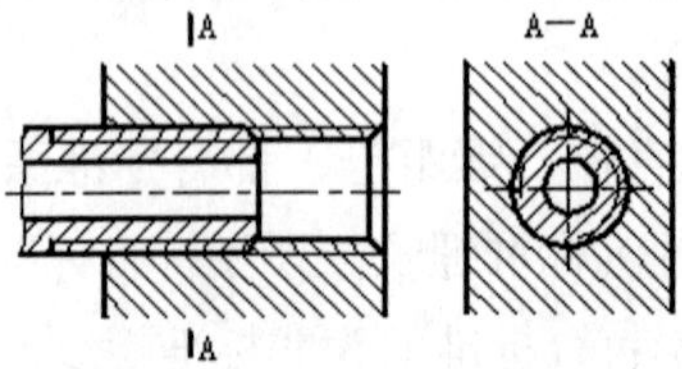

续表

名称	规定画法	说明
圆锥螺纹	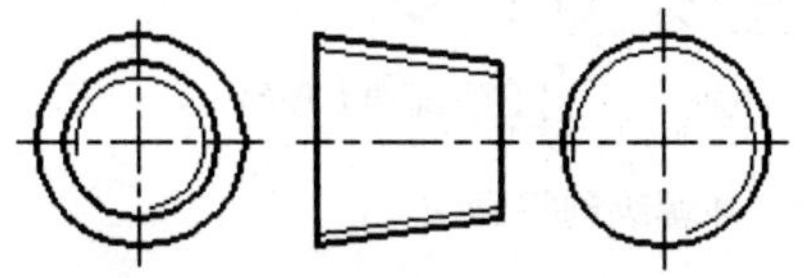 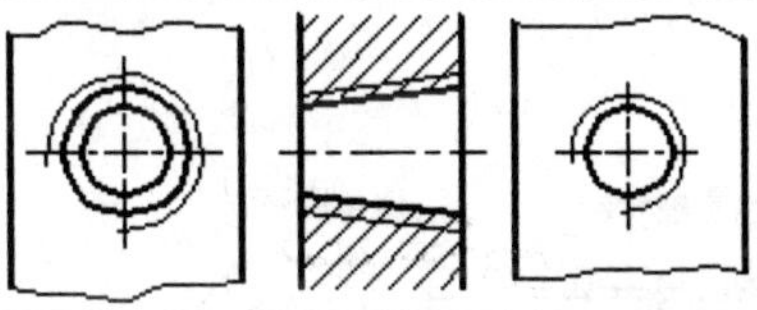	具有圆锥形螺纹的机件，螺纹部分在投影为圆的是图中只画一端（大端或小端）螺纹的投影
螺纹牙型	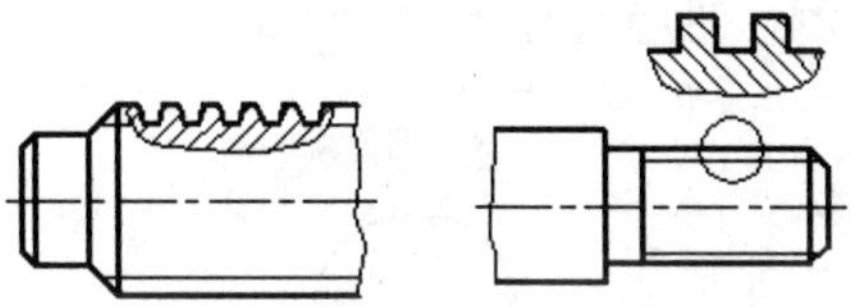 2:1	表示螺纹牙型时，可用局部剖视图或局部放大图的形式绘制

螺纹的规定画法：

①牙顶用粗实线表示（外螺纹的大径线，内螺纹的小径线）。

②牙底用细实线表示（外螺纹的小径线，内螺纹的大径线）。

③在投影为圆的视图上，表示牙底的细实线圆只画约3/4圈。

④螺纹终止线用粗实线表示。

⑤不管是内螺纹还是外螺纹，其剖视图或断面图上的剖面线都必须画到粗实线。

⑥当需要表示螺纹收尾时，螺尾部分的牙底线与轴线成30°。

1.外螺纹画法

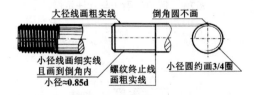

大径线画粗实线 倒角圆不画

小径线画细实线且画到倒角内 小径≈0.85d 螺纹终止线画粗实线 小径圆约画3/4圈

图7.6 外螺纹画法

外螺纹剖视画法如图7.7所示。

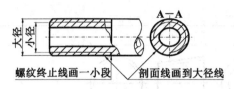

图7.7 外螺纹剖视画法

2. 内螺纹画法

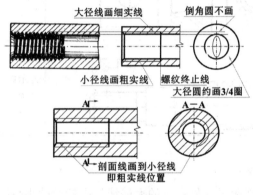

图7.8 内螺纹画法

3. 螺纹局部结构的画法与标注

（1）倒角

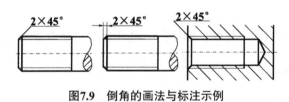

图7.9 倒角的画法与标注示例

（2）退刀槽

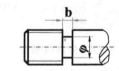

图7.10 退刀槽的画法与标注示例

4. 螺纹连接的画法

①大径线和大径线对齐，小径线和小径线对齐。

②旋合部分按外螺纹画，其余部分按各自的规定画。

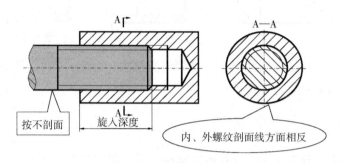

图7.11　螺线连接的画法

三、螺纹的标注和种类

螺纹按国家标准规定的画法画出后，图上未标明牙型、公称直径、螺距、线数和旋向等要素，因此，需要用标注代号或标记的方式来说明。

1. 标注

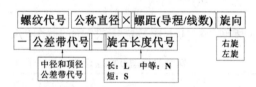

①粗牙螺纹允许不标注螺距；

②单线螺纹允许不标注导程与线数；

③当螺纹为左旋时，在螺纹代号之后应注上"LH"，右旋则省略不注；

④旋合长度为中等时，"N"可省略。

下面是对标注示例中各部分的解释。

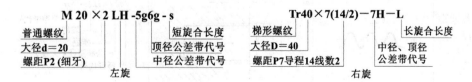

下面是3个标注示例。

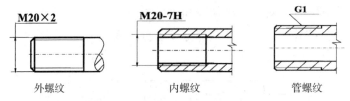

注意事项：在进行标注时，尺寸界线应从大径引出；G右面的数字不是管螺纹的大径，而是它的公称直径。

2. 种类

螺纹按用途分为连接螺纹和传动螺纹两类，前者起连接作用，后者用于传递动力和运动。常用的螺纹的种类如下：

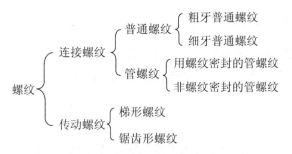

各种常用螺纹的牙型、标注方法及标注示例如表7.2所示。

表7.2　　　　　　　　　　　螺纹的牙型及标注示例

类型	牙型	特征代号	标注示例	说明
普通螺纹（粗牙）		M		$M24-5g\,6g-S$ 旋合长度代号 顶径公差带代号 中径公差带代号 公差直径（大径） 特征代号
普通螺纹（细牙）		M	$M24×2LH-6H$	$M24×2LH-6H$ 公差带代号 旋向 螺距 公称直径（大径） 特征代号

续表

类型	牙型	特征代号	标注示例	说明
非螺纹密封的管螺纹		G	G1A-LH	$G\,1A-LH$ 旋向 公差等级代号 尺寸代号 特征代号
用螺纹密封的管螺纹		R Rc Rp	R1/2	$R\,1/2$ 尺寸代号 特征代号
梯形螺纹		Tr	Tr22×10(P5)LH—7e	$Tr22\times10(P5)LH-7e$ 公差带代号 旋向 螺距 导程 公称直径 特征代号

（1）普通螺纹

普通螺纹是最常见的一种连接螺纹，有粗牙和细牙两种。在公称直径相同的情况下，细牙普通螺纹的螺距比粗牙普通螺纹的螺距小一些。

普通螺纹的完整标记由螺纹代号、螺纹公差带代号和螺纹旋合长度代号所组成。在标注时三种代号之间分别用"–"分开。

粗牙普通螺纹代号用特征代号"M"及"公称直径"表示；细牙普通螺纹代号用特征代号"M"及"公称直径×螺距"表示。

螺纹公差带代号说明螺纹允许的尺寸公差，由数字和字母组成，数字说明公差等级，字母说明基本偏差。螺纹公差带代号包括中径公差带代号和顶径公差带代号。小写字母指外螺纹（如5g、6g），大写字母指内螺纹（如5H、6H）。如果中径公差带与顶径公差带相同，则只标注一个代号（如5g、5H）。

螺纹旋合长度分为三种，短旋合长度（用"S"表示），中等旋合长度（用"N"表示），长旋合长度（用"L"表示）；当螺纹旋合长度为中等旋合长度时，"N"一般省略不标注。

（2）管螺纹

管螺纹分为用螺纹密封的管螺纹和非螺纹密封的管螺纹两种。

用螺纹密封的管螺纹需要标注螺纹特征代号和尺寸代号。特征代号"R"表示锥管外螺纹，"Rc"表示锥管内螺纹，"Rp"表示圆柱内螺纹。当螺纹为左旋时，应注上"LH"，右旋不注旋向。

非螺纹密封的管螺纹需要标注螺纹特征代号"G"、尺寸代号和公差等级代号。公差等级代号只有外螺纹需要标注，分为A、B两级，内螺纹不标注。

（3）梯形螺纹

梯形螺纹的完整标记由梯形螺纹代号、螺纹公差带代号和螺纹旋合长度代号所组成。在标注时，三种代号之间分别用"–"分开。

单线梯形螺纹代号用特征代号"Tr"及"公称直径×螺距"表示；多线梯形螺纹代号用特征代号"Tr"及"公称直径×导程（P螺距）"表示。

梯形螺纹的公差带代号只标注中径的公差带。

梯形螺纹旋合长度分为中等旋合长度（N）和长旋合长度两组。当螺纹旋合长度为中等旋合长度时，"N"一般省略不标注。

公称直径以mm为单位的螺纹，其标记应直接注在大径的尺寸线上或其引出线上。管螺纹的标记一律注在引出线上，引出线应由大径处引出或由对称中心引出。

四、常用螺纹紧固件及其连接画法

用螺纹紧固件连接，是工程上应用最广泛的一种可拆连接方式。螺纹紧固件一般属于标准件，它们的结构形式很多，可根据需要在有关的标准中查出其尺寸，一般无须画出它们的零件图，只需按照规定进行标记。

螺纹紧固件的类型和机构形式很多，如图7.12所示。

| 六角头螺栓 | B型双头螺柱 | 六角螺母 | 六角开槽螺母 |

| 内六角圆柱头螺钉 | 开槽圆柱头螺钉 | 开槽沉头螺钉 | 锥端紧定螺钉 |

| 平垫圈 | 弹簧垫圈 | 圆螺母用止动垫圈 | 圆螺母 |

图7.12 螺纹紧固件

1. 螺纹紧固件的标记和画法

常用的螺纹紧固件有：螺母、螺栓、垫圈、螺钉、螺柱等。由于这类零件都是标准件，通常只需用简化画法画出它们的装配图，同时给出规定标记即可。标记方法按 "GB" 有关规定。以下是螺纹紧固件的简化画法和规定标记示例。

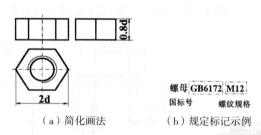

（a）简化画法　　　　　（b）规定标记示例

图7.13　六角螺母的简化画法和规定标记示例

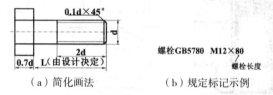

（a）简化画法　　　　　（b）规定标记示例

图7.14　六角头螺栓的简化画法和规定标记示例

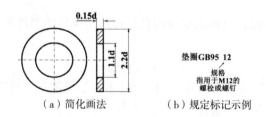

（a）简化画法　　　　　（b）规定标记示例

图7.15　垫圈的简化画法和规定标记示例

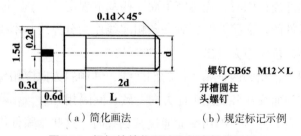

（a）简化画法　　　　　（b）规定标记示例

图7.16　螺钉的简化画法和规定标记示例

2.螺纹紧固件装配图的画法

（1）螺栓连接

螺栓适用于连接两个不太厚的并能钻成通孔的零件。连接时将螺栓穿过两被连接零件的光孔，加上垫圈，然后用螺母紧固，将被连接件连接起来，如图7.17所示。绘图时要知道所用紧固件的形式、规格以及被连接件的厚度。

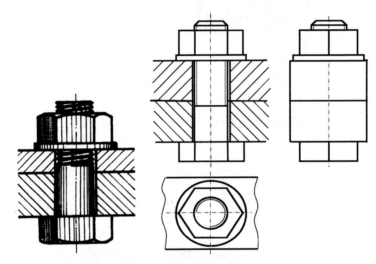

图7.17　六角头螺栓的简化画法

画螺栓连接图时，应根据螺栓的直径和被连接件的厚度等，按下式计算螺栓的有效长度L：

$$L \geqslant t1+t2+h+m+a$$

式中t1、t2分别为被连接零件的厚度、h为平垫圈的厚度，m为螺母高度，a为螺栓顶端露出螺母外的高度。

按上式计算出的螺栓长度，要按螺栓长度系列选取相近的标准长度。

画螺纹紧固件连接图时，应遵守下面一些基本规定：

①相邻两零件的表面接触时，画一条粗实线作为分界线；不接触表面画两条线，若间隙过小，也应夸大画出。

②在剖视图中，相邻两金属零件的剖面线，其倾斜方向应相反。在同一张图上，同一零件的剖面线在各视图中应方向一致、间隔相等。

③对于各种紧固件，当剖切平面通过其轴线时，这些紧固件均按不剖画出，必要时，可采用局部剖视表达。

（2）双头螺柱连接

当两个被连接的零件中，有一个较厚或不适宜用螺栓连接时，常采用双头螺柱连接。双头螺柱的两端都有螺纹，一端（旋入端）全部旋入被连接件之一的螺孔内，另一端（紧固端）穿过另一被连接件的通孔，套上垫圈，再用螺母拧紧。双头螺柱连接的画法如图7.18所示。图中的垫圈为弹簧垫圈，依靠它的弹性和摩擦力，防止螺母因受震而自行松脱。

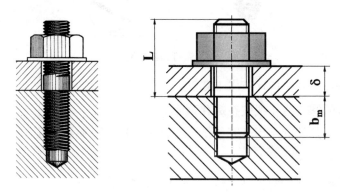

图7.18　双头螺柱连接的简化画法

双头螺柱的有效长度L，也应通过计算确定：

$$L \geqslant \delta+s+m+a$$

s为弹簧垫圈厚，取s=0.2d；m为螺母高度；a为螺栓顶端露出螺母外的高度。

根据上式计算出的双头螺柱的有效长度，应按双头螺柱标准长度系列选取相近的标准长度。

双头螺柱旋入端的长度（b_m）与被旋入的零件材料有关，共有三种情况：一般钢或青铜等硬材料，取b_m =d（GB897—88）；铸铁取b_m =1.25d（GB898—88）或b_m =1.5d（GB899—88）；铝等轻金属取b_m =2d（GB900—88）。

画图时，需要知道制有螺孔的零件的材料（以便确定旋入端的长度）、双头螺柱的直径和制有光孔零件的厚度，然后查国标得到螺母和弹簧垫圈的厚度，再计算双头螺柱的有效长度。

（3）螺钉连接

螺钉连接用于受力不大的地方，将螺杆穿过较薄被连接零件的通孔后，直接旋入较厚被连接零件的螺孔内，即可将两被连接零件紧固。其简化画法见图7.19。

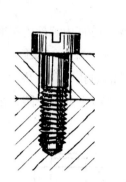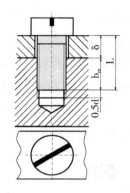

图7.19　螺钉连接的简化画法

画螺钉连接图时应注意以下几点：

①螺钉的螺纹终止线应在螺孔顶面上。

②螺钉头部的支承面（开槽沉头螺钉为锥面）是螺钉连接图的定位面，应与被连接件的孔口密合。

③在投影为圆的视图上，螺钉头部的一字槽应画成与水平线成45°角的斜线。

螺钉的种类很多，常用的有开槽圆柱头螺钉、开槽沉头螺钉、内六角圆柱头螺钉等。根据螺钉的标记，可以从国标中查出其全部尺寸。

第二节　齿轮

齿轮传动在机器或部件中应用很广，除用来传递动力外，还可以传递运动。齿轮的种类很多，常用的齿轮有以下三种。

①直齿圆柱齿轮。用于两平行轴之间的转动，圆柱齿轮的齿轮方向与圆柱的素线方向一致，如图7.20（a）。

②圆锥齿轮。用于两相交（一般是正交）轴之间的转动，如图7.20（b）。

③蜗杆与蜗轮。用于两交叉（一般是垂直交叉）轴之间的转动，如图7.20（c）。

（a）圆柱齿轮　　（b）锥齿轮　　（c）蜗杆与蜗轮

图7.20　常见的齿轮转动

本节仅介绍直齿圆柱齿轮的基本参数及规定画法。

一、直齿轮轮齿的各部分名称和尺寸计算

直齿轮轮齿的各部分名称和尺寸计算如图7.21所示。

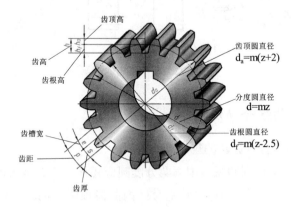

图7.21 直齿圆柱齿轮的基本参数

标准齿轮轮齿各部分的尺寸，都根据模数来确定，直齿轮轮齿各部分的尺寸计算见表7.3。

表7.3 标准直齿轮轮齿各部分的尺寸计算

名称	代号	计算公式	名称	代号	计算公式
模数	m	由强度计算决定，并按标准选取	齿高	h	$H=h_a+h_f=2.25m$ $H=2.35m$，当 $m \leqslant 1$ 时
齿数	z	由转动比 $i_{12}=\omega_1/\omega_2=z_2/z_1$ 决定	齿顶圆直径	d_a	$d_a=m（z+2）$
分度圆直径	d	$d=mz$	齿根圆直径	d_f	$d_f=m（z-2.5）$ $d_f=m（z-2.7）$，当 $m \leqslant 1$ 时
齿顶高	h_a	$h_a=m$	齿距	p	$p=\pi m$
齿根高	h_f	$h_f=1.25m$ $h_f=1.35m$，当 $m \leqslant 1$ 时	中心距	a	$a=（d_1+d_2）/2=m（z_1+z_2）/2$

二、直齿轮的规定画法

1. 单个直齿轮的画法

单个直齿轮的画法如图7.22所示。

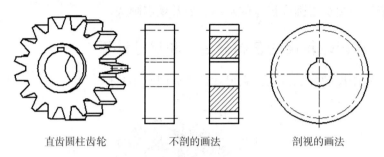

直齿圆柱齿轮　　　不剖的画法　　　剖视的画法

图7.22　单个直齿轮的画法

2. 直齿轮的啮合画法

图7.23是两啮合直齿轮的规定画法。

①在齿轮投影为圆的视图中，两分度圆应相切，啮合区内的齿顶圆均用粗实线绘制（图7.23（c）），也可将啮合区内的齿顶圆（两段圆弧）省略不画（图7.23（e））。

②在齿轮投影为非圆的视图中，当剖切平面通过两啮合齿轮的轴线时，轮齿一律按不剖处理，啮合区内两齿轮的分度线重合，用细点画线画出；齿根线均画粗实线；并将其中一个齿轮的齿顶线画成粗实线；另一个齿轮的齿顶线画成虚线（图7.23（b）），虚线也可以省略不画（图7.23（a））。必须注意，一个齿轮的齿顶和另一个齿轮的齿根之间应有0.25m的径向间隙。在非圆的外形视图中，啮合区的齿顶线不必画出，其节线用粗实线绘制（图7.23（d））。

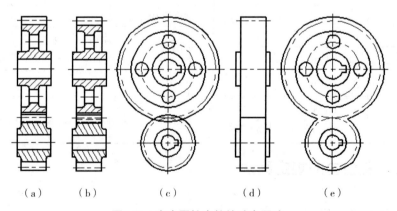

（a）　　　（b）　　　（c）　　　（d）　　　（e）

图7.23　直齿圆柱齿轮的啮合画法

第三节　其他常用件、标准件

一、键

键是标准件，其结构、型式和各部分尺寸，可以从有关标准中查阅。键用来连接轴和轴上的传动零件（如齿轮、带轮、凸轮等），使传动零件与轴一起转动，以传递运动或动力。常用的键有普通平键、半圆键、钩头楔键等，如图7.24所示。此处仅介绍普通平键。

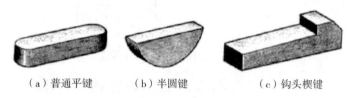

（a）普通平键　　　（b）半圆键　　　（c）钩头楔键

图7.24　常用的键

普通平键的型式、尺寸、键和键槽上的剖面尺寸，可参见表7.4（摘自GB 1095—79、GB 1096—79）。

表7.4　　　　　　普通平键的形式、尺寸、键和键槽的剖面尺寸

图例	标记示例
A型 $C \times 45°$ 或r 12.5 其余 6.3　6.3　1.6 h　b　L　1.6　R=b/2	圆头普通平键（A型） b=16mm、h=10mm、l=100mm 键 A16×100 GB 1096—79
B型 $C \times 45°$ 或r 12.5 其余 6.3　6.3　1.6 h　b　L　1.6　R=b/2	平头普通平键（B型） b=16mm、h=10mm、l=100mm 键 B16×100 GB 1096—79
C型 $C \times 45°$ 或r 12.5 其余 6.3　6.3　1.6 h　b　L　1.6　R=b/2	平头普通平键（C型） b=16mm、h=10mm、l=100mm 键 C16×100 GB 1096—79

图7.25（a）为轮上轴孔的平键键槽的画法和尺寸标注示例；图7.25（b）为轴上平键键槽的画法和尺寸标注示例。

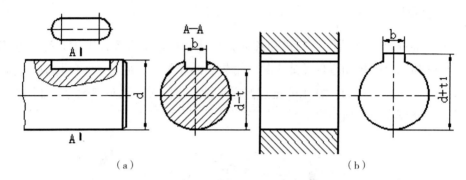

图7.25　键槽的画法和尺寸标注

图7.26为轴、轮和普通平键装配在一起的画法示例。在视图中，为了表示轴上的键槽，采用了局部剖视，平键按不剖绘制。平键顶面与轮上键槽的底面有间隙，在主、左视图上均应画两条线。平键和键槽的两个侧面为相接触的工作面，所以在左视图中，应画一条线。

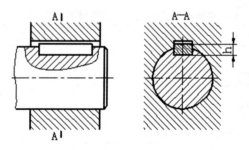

图7.26　普通平键连接的画法

二、销

销也是标准件，通常用于零件间的连接和定位。常用的有圆柱销、圆锥销和开口销等。

用销连接或定位的两个零件上的销孔，一般需一起加工，并在图上注写"装时配作"或"与**件配作"。圆锥销的公称尺寸是指小端直径。销连接的画法如图7.27所示。当剖切平面通过销的基本轴线时，销作不剖处理。

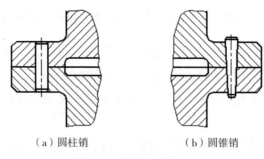

（a）圆柱销　　　　　　　（b）圆锥销

图7.27　销连接的画法

三、弹簧

弹簧的用途很广，属于常用件。弹簧的特点是：在去掉外力后，能立即恢复原状。所以常用于需储存能量、减震、夹紧、测力等场合。在电器中，常用弹簧来保证导电零件的良好接触或脱离接触。弹簧的类型很多，有螺旋压缩（或拉伸）弹簧、扭力弹簧和蜗卷弹簧等，如图7.28所示。

（a）压缩弹簧　　（b）拉伸弹簧　　（c）扭转弹簧　　（d）平面蜗卷弹簧

图7.28　常用的弹簧

1. 圆柱螺旋压缩弹簧各部分的名称及尺寸计算

圆柱螺旋压缩弹簧各部分的名称及尺寸计算如图7.29所示。

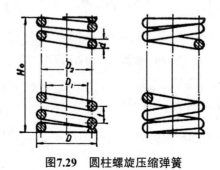

图7.29　圆柱螺旋压缩弹簧

2. 圆柱螺旋压缩弹簧的规定画法（GB 4459.4—84）

①在平行于螺旋弹簧轴线的视图中，弹簧各圈的轮廓不必按螺旋线的真实投影画出，而是用直线来代替螺旋线的投影，如图7.29所示。

②螺旋弹簧均可画成右旋，但左旋弹簧不论画成左旋或右旋，一律要加注旋向"左"字。

③有效圈数在四圈以上的螺旋弹簧，中间各圈可以省略，只画出其两端的1～2圈（不包括支承圈），中间只需用通过簧丝剖面中心的细点画线连起来。省略后，允许适当缩小图形的高度，但应注明弹簧的自由高度。

④在装配图中，螺旋弹簧被剖切后，不论中间各圈是否省略，被弹簧挡住的结构一般不画，其可见部分应从弹簧的外轮廓线或从弹簧钢丝剖面的中心线画起，如图7.30（a）所示。

⑤在装配图中，当弹簧钢丝的直径在图上等于或小于2mm时，其断面可以涂黑表示，如图7.30（b）所示，或采用图7.30（c）的示意画法。

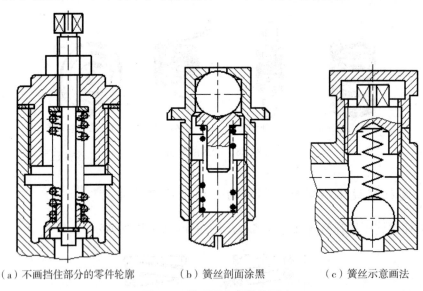

（a）不画挡住部分的零件轮廓　　　（b）簧丝剖面涂黑　　　（c）簧丝示意画法

图7.30　装配图中弹簧的画法

3. 圆柱螺旋压缩弹簧画法举例

对于两端并紧、磨平的压缩弹簧，其作图步骤如图7.31所示。

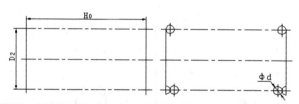

（a）以自有高度H_0和弹簧中径D_2作矩形 （b）画出支承圈部分与簧丝直径相等的圆和半圆

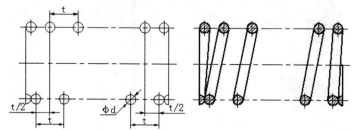

（c）根据节距t作簧丝断面 （d）按右旋方向作簧丝断面的切线。校核，加深剖面线

图7.31 圆柱螺旋压缩弹簧的画图步骤

四、滚动轴承

　　滚动轴承是用来支承旋转轴的组件，它具有摩擦阻力小，旋转精度高等优点，被广泛应用于机器或部件中。滚动轴承也是一种标准件。它的种类很多，一般由外圈、内圈、滚动体及保持架组成，见表7.5中的轴测图所示。内圈（又称轴圈）与转轴配合一道旋转。外圈（又称座圈）一般固定在机座上。保持架将滚动体隔开，并使其沿圆周方向均匀分布。

表7.5　　　　　　　　　　　常用滚动轴承的画法

轴承名称	结构型式	应用	规定画法尺寸比例	特征画法尺寸比例
深沟球轴承	外圈 滚动体 内圈 保持架	主要承受径向力	B　$B/2$　$A/2$　$A/2$　d　D　$60°$	B　$B/6$　A　$2B/3$　d　D

续表

轴承名称	结构型式	应用	规定画法尺寸比例	特征画法尺寸比例
圆锥滚子轴承	 外圈 圆锥滚子 内圈 保持架	可同时承受径向力和轴向力	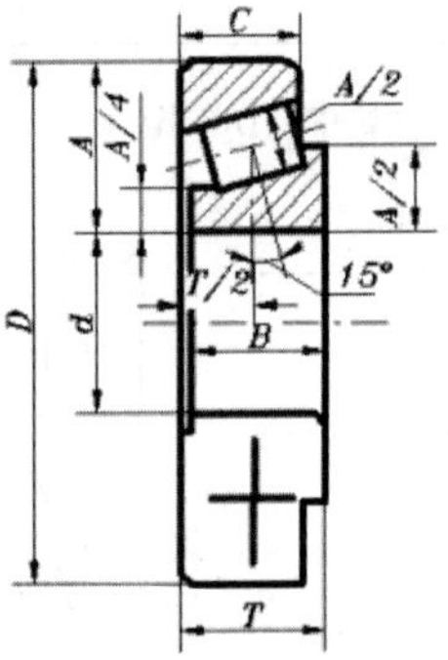	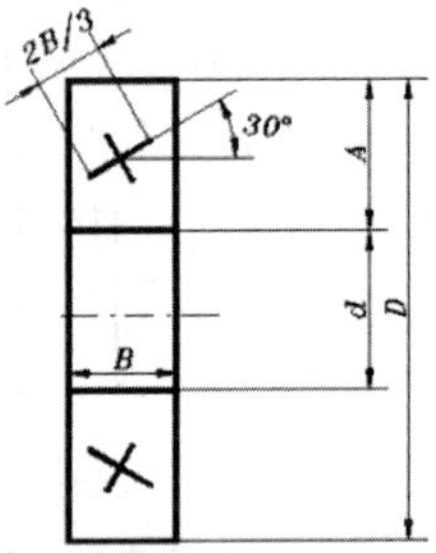
平底推力球轴承	 上圈 滚珠 保持架 下圈	承受单方向的轴向力	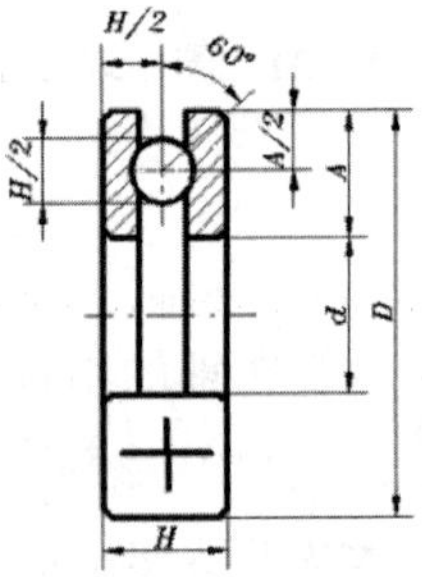	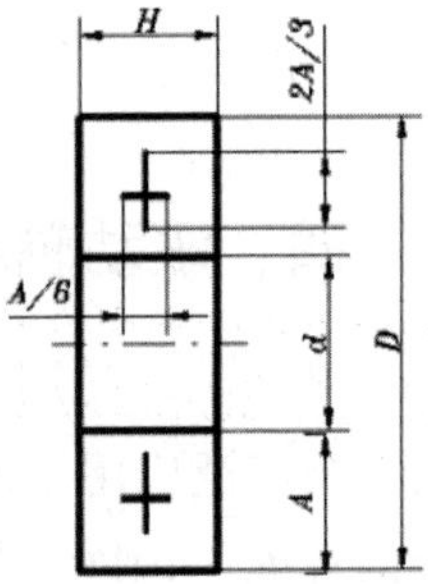

在装配图中，滚动轴承是根据其代号，从国标中查出外径D、内径d和宽度B或T等几个主要尺寸来进行绘图的。当需要较详细地表达滚动轴承的主要结构时，可采用规定画法；在只需简单的表达滚动轴承的主要结构特征时，可采用特征画法。表7.5中列出三种常用轴承的规定画法和特征画法。

滚动轴承的代号表示方法：滚动轴承种类虽然很多，但均已标准化，并符合ISO国际标准。国标规定滚动轴承的结构、尺寸、公差等级、技术性能等均用字母加数字的滚动轴承代号表示，滚动轴承代号由前置代号、基本代号、后置代号依次排列组成。如没有特殊的结构和宽度等要求，则一般均以基本代号表示。基本代号由轴承类型代号、尺寸系列代号、内径代号构成。类型代号用阿拉伯数字或大写拉丁字母表示，见表7.6；尺寸系列代号由滚动轴承的宽（高）度系列代号和直径代号用数字组合而成的，内径代号用数字表示见表7.7。

表7.6　　　　　　　　　　　　　　　　　滚动轴承类型代号

代号	轴承类型	代号	轴承类型
0	双列角接触球轴承	6	深沟球轴承
1	调心球轴承	7	角接触球轴承
2	调心滚子轴承和推力调心滚子轴承	8	推力圆柱滚子轴承
3	圆锥滚子轴承	N	圆柱滚子轴承
4	双列深沟球轴承	U	双列或多列用字母NN表示球面球轴承
5	推力球轴承	QJ	四点接触球轴承

表7.7　　　　　　　　　　　　　　　　滚动轴承内径代号及其示例

轴承公称内径（mm）	内径代号		示例
0.6~10（非整数）	用公称内径毫米数直接表示，在其与尺寸系列代号之间用"/"分开		深沟球轴承618/2.5 d=2.5mm
1~9（整数）	用公称内径毫米直接表示，对深沟球轴承及角接触球轴承7、8、9直径系列，内径与尺寸系列代号之间用"/"分开		深沟球轴承 625　618/5 d=5mm
10~17	10	00	深沟球轴承
	12	01	6200
	15	02	d=5mm
	17	03	—
20~480（22、28、32除外）	公称内径除以5的商数，商数为个位数，需在商数左边加"0"，如08		调心滚子轴承23208 d=40mm
22，28，32以及大于和等于500	用公称内径毫米数直接表示，在其与尺寸系列代号之间用"/"分开		深沟球轴承62/22 d=22mm 调心滚子轴承230/500 d=500mm

例如：

代号6204　GB/T 276—94

```
6  2  04
      └─ 内径代号（d=4×5=20mm）
   └──── 尺寸系列代号（02）
└─────── 类型代号（深沟球轴承）
```

代号N2210　GB/T 283—94

```
N  22  10
       └─ 内径代号（d=10×5=50mm）
   └───── 尺寸系列代号（02）
└──────── 类型代号（圆柱滚子轴承）
```

代号6204—2Z/P6 GB/T 276—94

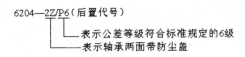

练 习

1. 完成螺钉连接的装配图。

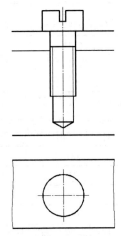

2. 补全螺栓联结图中所缺的线条。

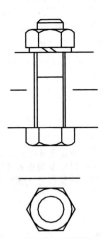

第八章　零件图与装配图

学习本课程的最终目的就是为了能够绘制或看懂零件图和装配图。

第一节　表面粗糙度、公差与配合

零件图中除了图形和尺寸外，还有制造该零件时应满足的一些加工要求，通常称为"技术要求"，如表面粗糙度、公差与配合等。

零件具有互换性有利于组织协作和专业化生产，对保证产品质量、降低成本、方便装配及维修有重要意义。互换性是指从一批相同的零件中任取一件，不经修配就能装配到机器或部件中，并满足产品的性能要求，表面粗糙度、公差与配合就是互换性的保证。本节主要介绍它们的基本概念和国家标准规定的代号和标注。

一、表面粗糙度

零件的加工表面上具有的较小间距和峰谷所组成的微观几何形状误差，被称为表面粗糙度，用数值表现出来。如图8.1所示，在显微镜下观察到零件的已加工表面是粗糙不平的，它是由于加工方法、机床的振动和其他因素所形成的。表面粗糙度对零件的耐磨性、耐蚀性、抗疲劳的能力、零件之间的配合和外观质量等都有影响，它是评定零件表面质量的重要指标。

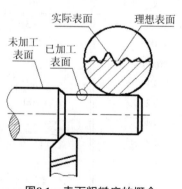

图8.1　表面粗糙度的概念

1. 评定表面粗糙度的参数

评定零件表面结构的参数有轮廓参数、图形参数和支承率曲线参数。其中轮廓参数分为三种：R轮廓参数（粗糙度参数）、W轮廓参数（波纹度参数）和P轮廓参数（原始轮廓参数）。机械图样中，常用表面粗糙度参数Ra和Rz作为评定表面结构的参数。

①轮廓算术平均偏差Ra：它是在取样长度lr内，纵坐标Z（x）（被测轮廓上的各点至基准线x的距离）绝对值的算术平均值，如图8.2所示。可用下式表示：

$$Ra = \frac{1}{lr} \int_0^{lr} |Z(x)| dx$$

②轮廓最大高度Rz：它是在一个取样长度内，最大轮廓峰高与最大轮廓谷深绝对值之和，如图8.2所示。

国家标准GB/T1031–2009给出的Ra和Rz系列值如表8.1所示。

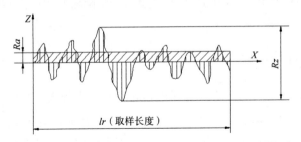

图8.2　Ra、Rz参数示意图

表8.1　　　　　　　　　　　　Ra、Rz系列值　　　　　　　　　　单位：μm

Ra	Rz	Ra	Rz
0.012		6.3	6.3
0.025	0.025	12.5	12.5
0.05	0.05	25	25
0.1	0.1	50	50
0.2	0.2	100	100
0.4	0.4		200
0.8	0.8		400
1.6	1.6		800
3.2	3.2		1600

Ra值越小，意味着粗糙度要求愈高，零件表面愈光滑。在选取Ra值时，一般应根据零件的表面功能要求和加工经济性两者综合考虑。在满足使用性能要求的前提下，尽可能选取较大的Ra值，以获得较好的经济效益。

2.表面粗糙度符号及代号

国家标准（GB/T131—1993）规定在零件图上，每个表面都应按使用要求标注表面粗糙度符号（或代号）。

（1）表面粗糙度符号

表8.2   表面粗糙度符号及其含义

符号名称	符号样式	含义及说明
基本图形符号	√	未指定工艺方法的表面；基本图形符号仅用于简化代号标注，当通过一个注释解释时可单独使用，没有补充说明时不能单独使用
扩展图形符号	▽	用去除材料的方法获得表面，如通过车、铣、刨、磨等机械加工的表面；仅当其含义是"被加工表面"时可单独使用
		用不去除材料的方法获得表面，如铸、锻等；也可用于保持上道工序形成的表面，不管这种状况是通过去除材料或不去除材料形成的
完整图形符号		在基本图形符号或扩展图形符号的长边上加一横线，用于标注表面结构特征的补充信息
工件轮廓各表面图形符号		当在某个视图上组成封闭轮廓的各表面有相同的表面结构要求时，应在完整图形符号上加一圆圈，标注在图样中工件的封闭轮廓线上

（2）表面粗糙度符号的画法

表面粗糙度符号的画法如表8.3，该表列出了图形符号的尺寸。

表8.3   图形符号的尺寸   单位：mm

数字与字母的高度h	2.5	3.5	5	7	10	14	20
高度H_1	3.5	5	7	10	14	20	28
高度H_2（最小值）	7.5	10.5	15	21	30	42	60

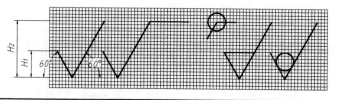

注：H_2取决于标注内容。

（3）表面结构代号

标注表面结构参数时应使用完整图形符号。在完整图形符号中注写了参数代号、极限值等要求后，称为表面结构代号。表面结构代号示例见表8.4所示。

表8.4　　　　　　　　　　　　　　　表面结构代号示例

代号	含义/说明
√ Ra 1.6	表示去除材料，单向上限值，默认传输带，R轮廓，粗糙度算术平均偏差1.6μm，评定长度为5个取样长度（默认），"16%规则"（默认）
⌐√ Rz max 0.2	表示不允许去除材料，单向上限值，默认传输带，R轮廓，粗糙度最大高度的最大值0.2μm，评定长度为5个取样长度（默认），"最大规则"
√ U Ra max 3.2 L Ra 0.8	表示不允许去除材料，双向极限值，两极限值均使用默认传输带，R轮廓，上限值：算术平均偏差3.2μm，评定长度为5个取样长度（默认），"最大规则"，下限值：算术平均偏差0.8μm，评定长度为5个取样长度（默认），"16%规则"（默认）
铣 √ -0.8/Ra3 6.3 ⊥	表示去除材料，单向上限值，传输带：根据GB/T6062，取样长度0.8mm，R轮廓，算术平均偏差极限值6.3μm，评定长度包含3个取样长度，"16%规则"（默认），加工方法：铣削，纹理垂直于视图所在的投影面

如下图则是表面粗糙度的标记示例。

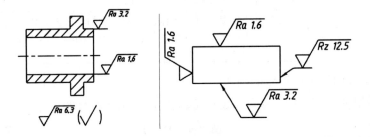

二、极限、公差与配合

具有互换性的零件，必须要有正确的极限尺寸和合理的配合要求。

1. 极限与公差

为了保证零件具有互换性，对零件的实际尺寸数值限制在某一合理的范围，即为极限。

①基本尺寸。指设计给定的尺寸。对于配合孔和轴，其基本尺寸是一致的。

②实际尺寸。指通过测量所得到的尺寸。

③极限尺寸。指允许尺寸的两个极端。一个称为最大极限尺寸，另一个称为最小极限尺寸。

④极限偏差。指极限尺寸减去基本尺寸所得到的代数差称为极限偏差，有上偏差和下偏差之分。孔的上、下偏差分别用代号ES、EI表示；轴的上、下偏差分别用代号es、ei表示。基本尺寸、极限尺寸、极限偏差三者的关系如下：

最大极限尺寸—基本尺寸＝上偏差；最小极限尺寸—基本尺寸＝下偏差

由以上公式可知：上、下偏差可以是正值、负值或"零"。如图8.3中轴的尺寸 $\phi 20^{+0.015}_{+0.002}$，其中 $\phi 20$ 是基本尺寸，上偏差es＝＋0.015，下偏差ei＝＋0.002；最大极限尺寸为 $\phi 20.015$，最小极限尺寸为 $\phi 19.998$。实际尺寸在 $\phi 19.998$mm和 $\phi 20.015$mm之间均属合格产品。

⑤尺寸公差（简称公差）。指允许尺寸的变动量。它是一个没有正、负号的绝对值，也不能为零。

尺寸公差＝最大极限尺寸—最小极限尺寸＝上偏差—下偏差

例如轴的尺寸为 $\phi 20^{+0.015}_{+0.002}$，则尺寸公差＝20.015－19.998＝＋0.015－（＋0.002）＝0.013。

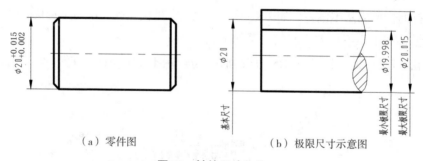

（a）零件图　　　　　　　　（b）极限尺寸示意图

图8.3　轴的尺寸公差

⑥公差带图。表示极限与配合的图解称为公差带图。它描述了基本尺寸、偏差及公差之间的关系，如图8.4所示。在公差带图中，公差带是由代表上、下偏差或最大极限尺寸和最小极限尺寸的两条直线所限定的一个区域。零线是一条表示基本尺寸的直线，以其为基准来确定公差的大小和其相对零线的位置。公差带图可以直观地表示出公差的大小及公差带相对于零线的位置。

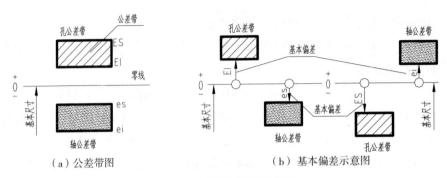

（a）公差带图   （b）基本偏差示意图

图8.4　公差带图及基本偏差

⑦标准公差与基本偏差。

标准公差：在极限与配合标准中所规定的任一公差，称为标准公差，它决定了公差带的大小。常用标准公差分为20个公差等级，依次为IT01，IT0，IT1，IT2，……IT18，其中IT为标准公差代号，数字表示公差等级。数字越小，公差等级越高，尺寸精度越高。

基本偏差：在公差带图中，用以确定公差带相对于零线位置的上偏差或下偏差，一般是靠近零线的那个偏差，如图8.4所示。

基本偏差系列：国家标准规定了轴和孔各28个基本偏差，按照一定的顺序和位置排列，形成基本偏差。如图8.5所示，大写字母代表孔，小写字母代表轴。

公差与上、下偏差之间的关系如下：

孔：ES＝EI＋IT，EI＝ES－IT；轴：es＝ei＋IT，ei＝es－IT。

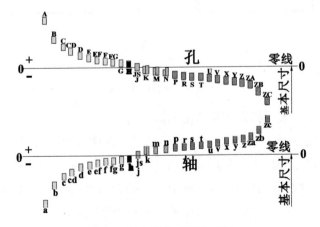

图8.5　基本偏差系列示意图

⑧公差带代号。由表示基本偏差代号的拉丁字母和表示标准公差等级的阿拉伯数字组成，如图8.6所示尺寸φ65H7，"H7"表示基本偏差为H、公差等级为7级的孔的公差带代号。

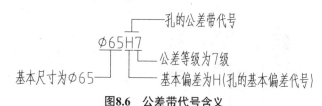

图8.6 公差带代号含义

【例题】将$\phi 20^{+0.015}_{+0.002}$用公差带代号的形式标注尺寸。

解：①计算公差等级IT：IT＝es－ei＝0.015－0.002＝0.013。根据尺寸φ20和0.013由附表查得标准公差等级为6级，写成"IT6"。

②查表获得基本偏差代号：根据尺寸φ20和下偏差＋0.002由附表查得基本偏差代号为"k"，由此可写成公差带代号的标注形式φ20k6。

2. 配合

①配合的概念：基本尺寸相同的相互结合的孔和轴公差带之间的关系称为配合。如图8.7所示，轴衬与轴承座的配合要紧，使轴衬得到较好的定位；而轴与轴衬的配合要松，使轴能在轴衬内自由转动。因此，应根据使用要求选定不同的配合种类。

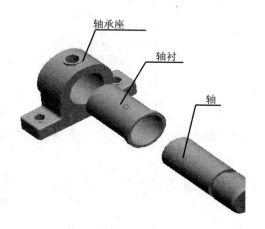

图8.7 配合要求不同

②配合种类：根据孔和轴配合时松紧程度可分为间隙配合、过盈配合和过渡配合，如图8.8所示是三种配合的公差带图。

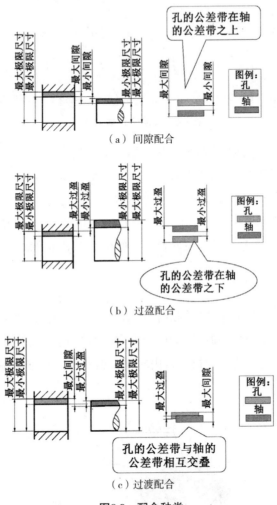

图8.8　配合种类

间隙配合：孔的尺寸减去相配合轴的尺寸为正值，主要用于孔、轴间的活动联结。

过盈配合：孔的尺寸减去相配合轴的尺寸为负值，主要用于孔、轴间的紧固联结。

过渡配合：介于间隙配合和过盈配合之间，主要用于孔、轴间的定位联结。

从基本偏差系列示意图8.5中可以看出，a～h（A～H）用于间隙配合，j～n

（J ~ N）主要用于过渡配合，p ~ zc（P ~ ZC）主要用于过盈配合。

③基准制：为了便于设计和加工，国家标准规定了两种不同的配合制度，即基孔制与基轴制。

基孔制是指基本偏差为一定的孔的公差带，与不同基本偏差的轴的公差带形成各种配合的一种制度。

基孔制的孔称为基准孔，用代号H表示。下偏差为零，上偏差为正值。孔的最小极限尺寸与孔的基本尺寸相等，其公差带在零线之上，如图8.9所示。

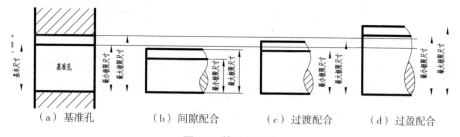

（a）基准孔　　　（b）间隙配合　　　（c）过渡配合　　　（d）过盈配合

图8.9　基孔制配合

基轴制是指基本偏差为一定的轴的公差带，与不同基本偏差的孔的公差带形成各种配合的一种制度。

基轴制的轴称为基准轴，用代号h表示。上偏差为零，下偏差为负值。轴的最大极限尺寸与轴的基本尺寸相等，其公差带在零线之下。如图8.10所示。

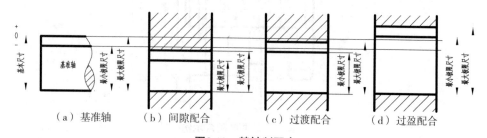

（a）基准轴　　　（b）间隙配合　　　（c）过渡配合　　　（d）过盈配合

图8.10　基轴制配合

基准制的选择：在一般情况下，优先选用基孔制配合。因为从工艺角度看，中等尺寸较高精度的孔，通常要用扩孔钻、铰刀、拉刀等定值（不可调）刀具加工，用定值量具检验，加工成本高，如图8.11所示。有些情况则采用基轴制配合，如对于小尺寸的配合，改变孔径大小比改变轴径大小在技术和经济更为合理时，则采用基轴制配合，如图8.12所示。

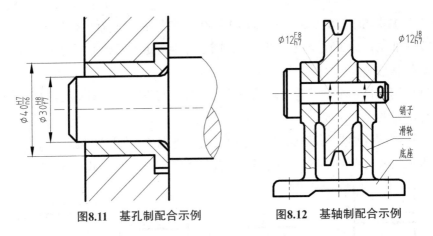

图8.11　基孔制配合示例　　　　图8.12　基轴制配合示例

与标准件配合时，基准制的选择要视标准件配合面是孔还是轴来确定，如是孔则采用基孔制，是轴则采用基轴制，如图8.13所示。滚动轴承外圈与机座孔的配合采用基轴制，内圈与轴的配合采用基孔制。

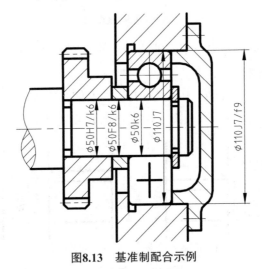

图8.13　基准制配合示例

④配合代号：由分子为孔的公差带代号和分母为轴的公差带代号组成，如下图所示。

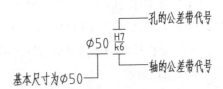

【例题】指出如图8.3中所示的各零件之间的配合种类与配合制度。

解：齿轮与轴的配合尺寸为$\phi 50H7/k6$，孔的公差带代号为H7，故为基孔制；轴的公差带代号为k6，在基本偏差系列示意图中，k处于j～n之间，故属于过渡配合。

滚动轴承与轴的配合尺寸为$\phi 50k6$，由于滚动轴承是标准件，其孔是基准孔，故此配合为基孔制的过渡配合。

挡圈与轴的配合尺寸为$\phi 50F8/k6$，孔和轴的基本偏差代号分别为F、k为非基准制，通过查表计算得出：挡圈内孔的尺寸为$\phi 50^{+0.064}_{+0.025}$，轴的尺寸为$\phi 50^{+0.018}_{+0.002}$，画出配合的公差带图可知，该配合属于非基准制的间隙配合，如下图所示。

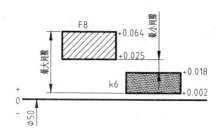

3.尺寸公差与配合的标注

（1）配合在装配图中的标注

配合尺寸标注有三种形式，如图8.14所示。

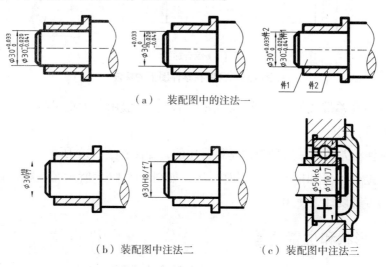

（a）装配图中的注法一

（b）装配图中注法二　　（c）装配图中注法三

图8.14　配合在装配图上的标注

①分别标注两个零件的偏差数值，如图8.14（a）所示。

②直接标注配合代号，这种形式是最常见的，如图8.14（b）所示。

③零件与标准件配合时，仅标注零件的公差带代号，如图8.14（c）所示。

（2）公差在零件图中的标注

尺寸标注有三种形式，如图8.15所示。

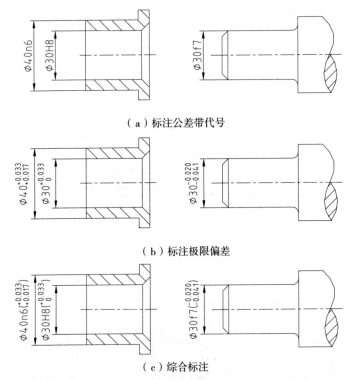

（a）标注公差带代号

（b）标注极限偏差

（c）综合标注

图8.15　公差在零件图上的标注

①标注公差带代号，如图8.15（a）所示。一般用于大批量生产中，采用专用量具测量。

②标注偏差数值，这种形式是最常用的，如图8.15（b）所示。

③公差带代号和偏差数值同时标注，如图8.15（c）所示。一般在新产品开发阶段的方案设计中使用。

三、形状和位置公差

零件加工时，不仅会产生尺寸误差，还会出现形状和位置的误差，如图8.16

所示。因此，国家标准对零件的形状和位置制定了相应的公差。形状公差和位置公差简称形位公差，标注示例如图8.17所示。

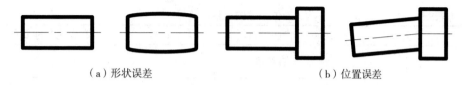

（a）形状误差　　　　　　　　　（b）位置误差

图8.16　形状和位置误差

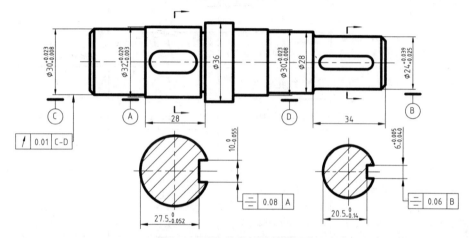

图8.17　形位公差标注综合示例

1. 形位公差的基本知识

按国家标准规定，在图样中标注形位公差，应采用代号进行标注。

（1）形位公差代号

形位公差代号由公差项目符号、框格、指引线、公差数值及其他内容组成，如图8.18所示。框格、指引线均用细实线绘制，框格的高度为图样中字体高度的两倍，长度按需要确定，框格内的字母、数字高度与图样中的字体高度相同。

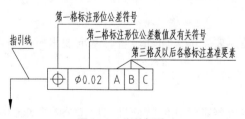

图8.18　公差框格

（2）形位公差的项目、符号

形位公差共有14项，见表8.5。

表8.5　　　　　　　　　　　　　　　形位公差的项目和符号

公差		特征项目	符号	有或无基准要求
形状	形状	直线度	——	无
		平面度	▱	无
		圆度	○	无
		圆柱度	⌀	无
形状或位置	轮廓	线轮廓度	⌒	有或无
		面轮廓度	⌓	有或无
位置	定向	平行度	∥	有
		垂直度	⊥	有
		倾斜度	∠	有
	定位	位置度	⊕	有或无
		同轴（同心）度	◎	有
		对称度	═	有
	跳动	圆跳动	↗	有
		全跳动	↗↗	有

注意：形位公差符号用细实线绘制。

（3）基准要素

基准要素确定被测要素的方向和位置。基准要素可以是点、线、面，其符号的画法如图8.19所示。

（4）被测要素

被测要素指构成机器零件几何特征且有形位公差要求的一些点、线、面。

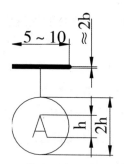

图8.19　基准要素符号画法示例

2. 形位公差的标注原则

形位公差标注原则一：用带箭头的指引线将框格与被测要素相连。一般情况，箭头与被测要素垂直，如图8.20（a）所示。

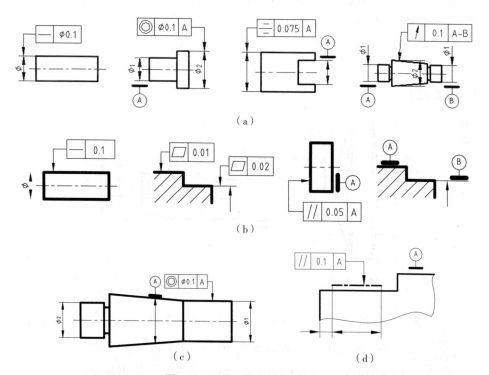

（a）

（b）

（c）　　　　　　　　　（d）

图8.20　形位公差标注原则示例

形位公差标注原则二：被测要素为轴线、球心或对称中心面等中心要素时，指引线的箭头应与对应的尺寸线对齐，如图8.20（a）所示。当基准要素为轴线、球心或对称中心面等中心要素时，其符号的连线应与相应要素的尺寸线对齐，如图8.20（a）、图8.20（c）所示。

形位公差标注原则三：当被测要素为轮廓线或表面时，将箭头指到要素的轮廓线、表面或它们的延长线上，指引线的箭头应与尺寸线的箭头明显地错开，如图8.20（b）所示。当基准要素为轮廓线时，基准要素应靠近该要素的轮廓线或延长线标注，基准符号的连线应与该要素尺寸线的箭头明显地错开，如图8.20（b）所示。

形位公差标注原则四：由两个要素组成的公共基准，在公差框格中标注为用横线隔开的两个大写字母，如图8.17中所示的"C–D"；图8.20（a）中所示的"A–B"。

形位公差标注原则五：公差数值如无特殊说明，一般指被测要素全长上的公差值。如被测部位仅为被测要素的某一部分时，应采用细实线画出被测量的范围，并注出此范围的尺寸，如图8.20（d）所示。

形位公差标注原则六：为了不引起误解，字母E、I、J、M、O、P、L、R、F不用作基准字母。

【例题】说明如下图所示阀杆的各形位公差的含义。

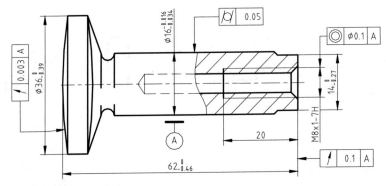

解：

△ / 0.05	表示该阀杆杆身φ16的圆柱度公差为0.05mm。
◎ φ0.1 A	表示M8×1—7H的螺纹孔的轴线对于φ16轴线的同轴度公差为φ0.1mm。（φ0.1mm中的"φ"表示公差带形状为圆柱。）
↗ 0.1 A	表示阀杆右端面对于φ16轴线的端面圆跳动公差为0.1mm。
↗ 0.003 A	表示SR750的球面对于φ16轴线的斜向圆跳动公差为0.003mm。

第二节 零件图

机器或部件都是由若干零件按一定的装配关系和技术要求装配而成的，表达单个零件的图样称为零件图，它是设计和生产检验过程中的主要技术资料，它不仅反映了设计者的设计意图，而且表达了零件的各种技术要求，如尺寸精度、表面粗糙度等。工艺部门要根据零件图进行毛坯制造、工艺规程、工艺装备等设计，因此，零件图是制造和检验零件的重要依据。

本节主要介绍各类零件的视图选择和尺寸标注，零件的铸造工艺和机械加工工艺结构知识，读零件图的方法，技术要求的基本概念及在图样中的标注。

一、零件图的内容

图8.21是轴的零件图，从图中可知，一张完整的零件图应包括以下4部分内容。

（1）一组视图

在零件图中须用一组视图将零件各部分的结构形状正确、完整、清晰、合理地表达出来。零件的形状和结构，应根据零件的结构特点选择适当的剖视、断面、局部放大图等表示法，用最简明的方案将零件的形状、结构表达出来。

（2）尺寸

零件图上的尺寸不仅要标注得完整、清晰、正确，而且还要合理，既能够满足设计意图，又适宜于加工制造和检验。

（3）技术要求

零件图上的技术要求包括表面粗糙度、尺寸极限与配合、表面形状公差和位置公差、表面处理、热处理、检验等要求，零件制造后要满足这些要求才能算是合格产品。

（4）标题栏

对于标题栏的格式，国家标准GB／T 10609.1—1989已作了统一规定，本书第一章已作介绍，使用中应尽量采用标准推荐的标题栏格式。零件图标题栏的内容一般包括零件名称、材料、数量、比例、图的编号以及设计、描图、绘图、审核人员的签名等。

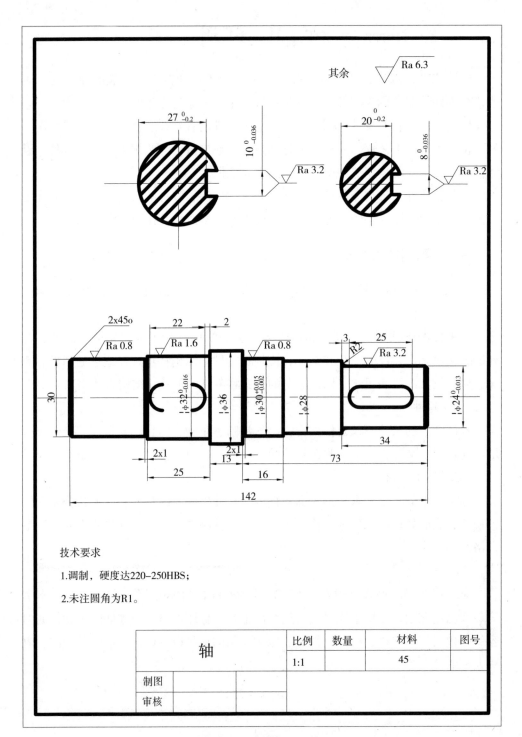

图8.21 轴的零件图示例

二、零件图的视图选择

为满足生产的需要，零件图的一组视图应视零件的功用及结构形状的不同而采用不同的视图及表达方法。如图8.22所示轴套，一个视图即可。

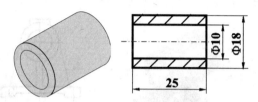

图8.22　轴套及其视图表达

表达一个零件所选用的一组图形，应能完整、正确、清晰、简明地表达各部分的内外形状和结构，便于标注尺寸和技术要求，且画图方便。为此在画图之前要详细考虑主视图的选择和视图配置等问题。

1. 主视图的选择

主视图是零件图的核心，主视图的选择是否恰当直接影响到其他视图的位置和数量的选择，以及读图的方便和图幅的利用。所以主视图选择一定要慎重。

选择主视图就是要确定零件的摆放位置和主视图的投射方向。因此在选择主视图时，要考虑以下三点原则。

原则一：以加工位置为主视图。加工位置是零件在加工时在机床上的装夹位置。如轴套类零件加工的大部分工序是在车床或磨床上进行，因此不论工作位置如何，一般均将轴线水平放置画主视图，如图8.23所示，以便操作者在加工时图物直接对照。这样做既便于看图，又可减少差错。

图8.23　轴套类零件的加工位置

原则二：以工作位置选取主视图。工作位置是指零件装配在机器或部件中工作时的位置。如图8.24的吊钩和图8.25的支座，其主视图就是根据它们的工作位置、安装位置并尽量多的反映其形状特征的原则选定。主视图的位置和工作位置一致，能较容易地想象零件在机器或部件中的工作状况。

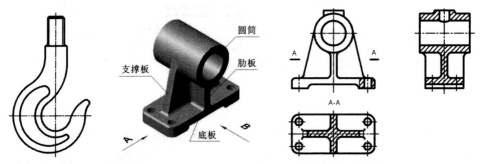

图8.24 吊钩的工作位置　　　　图8.25 支座的主视图选择

原则三：形状特征最明显。主视图要能将组成零件的各形体之间的相互位置和主要形体的形状、结构表达得最清楚。这主要取决于投射方向的选定，如图8.25的支座，以A向、B向投射都反映它们的工作位置。但经过比较，B向则将圆筒、支撑板的形状和四个组成部分的相对位置表现得更清楚，故以B向作为主视图的投射方向，利于看图。

在选择主视图时，不一定工作位置和加工位置同时满足，要根据零件的结构特征、看图方便全面考虑。

2. 其他视图的选择

对于结构形状较复杂的零件，只画主视图不能完全反映其结构形状，必须选择其他视图，并选择合适的表达方法。其他视图的选择原则是：配合主视图，在完整、清晰地表达出零件结构形状的前提下，视图数尽可能少。所以，配置其他视图时应注意以下4个问题。

①每个视图都有明确的表达重点和独立存在的意义，各个视图互相配合、互相补充，表达内容尽量不重复。

②根据零件的内部结构选择恰当的剖视图和断面图，但不要使用过多的局部视图或局部剖视图，以免分散零乱，给读图带来困难。

③对尚未表达清楚的局部形状和细小结构，应补充必要的局部视图和局部放大图。

④能采用省略、简化画法表达的，要尽量采用。

同一零件的表示方案不是唯一的，应多考虑几种方案，进行比较，然后确定一个较佳方案。如图8.26轴承座的两个表达方案中，图8.27（a）图的表达方案比图8.27（b）更为合理。

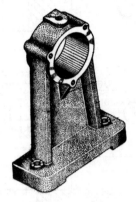

图8.26　轴承座

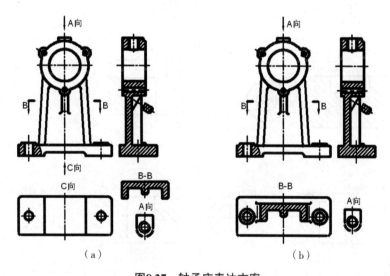

图8.27　轴承座表达方案

三、常见孔的尺寸标注

螺孔、沉孔、锪孔和光孔是零件上常见的结构，它们的尺寸注法分为普通注法和旁注法，见表8.6。

表8.6　　　　　　　　　　　常见孔的尺寸标注示例

类型		旁注法	普通注法	说　明
螺孔	通孔	3XM6-7H　　3XM6-7H	3XM6-7H	3×M6为均匀分布直径是6mm的3个螺孔。3种标法可任选一种
	不通孔	3XM6▽10　　3XM6▽10	3XM6	只注螺孔深度时，可以与螺孔直径连注
	不通孔	3XM6▽10 孔▽12　　3XM6▽10 孔▽12	3XM6	需要注出光孔深度时，应明确标注深度尺寸
沉孔	柱形沉孔	4X∅6 ⌴∅12▽5　　4X∅6 ⌴∅12▽5	4X∅6	4×φ6为小直径的柱孔尺寸，沉孔φ12mm深5mm为大直径的柱孔尺寸
沉孔	锥形沉孔	6X∅8 ∨∅13X90°　　6X∅8 ∨∅13X90°	90° ∅13 6X∅8	6×φ8为均匀分布直径8mm的6个孔，沉孔尺寸为锥形部分的尺寸
	锪平孔	4X∅6 ⌴∅12　　4X∅6 ⌴∅12	∅12锪平 4X∅6	4×φ6为小直径的柱孔尺寸。锪平部分的深度不注，一般锪平到不出现毛面为止

续表

类型		旁注法	普通注法	说 明
光孔	锥销孔	锥销孔Ø4 配作	Ø4 配作	锥销孔小端直径为φ4，并与其相连接的另一零件一起配铰
	精加工孔	4XØ6H7▽10 孔▽12	4XØ6H7 10 12	4×φ6为均匀分布直径4mm的4个孔，精加工深度为10mm，光孔深12mm

四、零件上常见的工艺结构

零件的结构形状既要满足设计要求，又要满足加工制造方便。否则使制造工艺复杂化，甚至会造成废品。因此，需要了解零件上常用的一些合理工艺结构。

1. 铸造工艺结构

（1）壁厚均匀

铸件的壁厚如果不均匀，则冷却的速度就不一样。薄的部位先冷却凝固，厚的部位后冷却凝固，凝固收缩时没有足够的金属液来补充，就容易产生缩孔和裂纹。因此铸件壁厚应尽量均匀或采用逐渐过渡的结构，如图8.28。

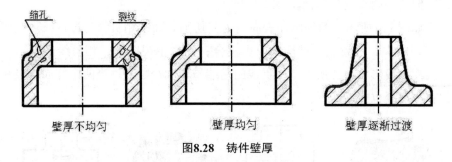

图8.28 铸件壁厚

（2）铸造圆角

铸件表面相交处应有圆角，以免铸件冷却时产生缩孔或裂纹，同时防止脱模时砂型落砂，如图8.29。

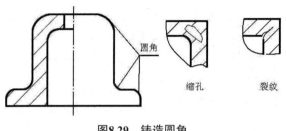

图8.29　铸造圆角

（3）拔模斜度

铸件在起模时，为了起模顺利，在沿起模方向的内外壁上应有适当斜度，称为起模斜度，一般为1：20，通常在图样上不画出也不标注，如有特殊要求，可在技术要求中统一说明，如图8.30。

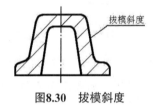

图8.30　拔模斜度

（4）过渡线

铸件两个非切削表面相交处一般均做成过渡圆角。所以两表面的交线就变得不明显。

这种交线称为过渡线。当过渡线的投影和面的投影重合时，按面的投影绘制；当过渡线的投影不与面的投影重合时，过渡线按其理论交线的投影用细实线绘出，但线的两端要与其他轮廓线断开。

①如图8.31所示，两外圆柱表面均为非切削表面，相贯线为过渡线。在俯视图和左视图中，过渡线与柱面的投影重合；而在主视图中，相贯线的投影不与任何表面的投影重合，所以，相贯线的两端与轮廓线断开。当两个柱面直径相等时，在相切处也应该断开。

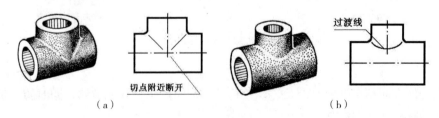

（a）　　　　　　　　　　　　　　　　　（b）

图8.31　过渡线

②如图8.32，平面与平面、平面与曲面相交的过渡线的画法。三棱柱肋板的斜面与底板上表面的交线的水平投影不与任何平面重合，所以两端断开。在图8.32（b）中圆柱截交线的水平投影按过渡线绘制。

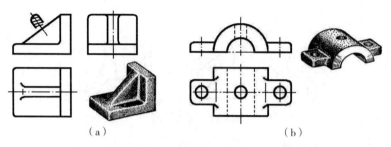

（a） （b）

图8.32 平面与平面、平面与曲面过渡线画法

应特别注意的是两非切削表面的交线，虽然由于铸造圆角的原因变得不明显，形成了过渡线，但若其三面投影均与平面或曲线的投影重合，则不按过渡线绘制。

2. 机械加工工艺结构

（1）圆角和倒角

阶梯的轴和孔，为了在轴肩、孔肩处避免应力集中，常以圆角过渡。轴和孔的端面上加工成45°或其他度数的倒角，其目的是为了便于安装和操作安全。轴、孔的标准倒角和圆角的尺寸可由GB 6403.4—1986查得，其尺寸标注方法如图8.33所示。零件上倒角尺寸全部相同时，可在图样右上角注明"全部倒角c×"（×为倒角的轴向尺寸）；当零件倒角尺寸无一定要求时，则可在技术要求中注明"锐边倒钝"。

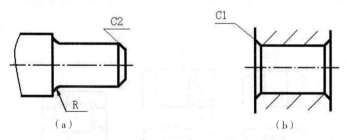

（a） （b）

图8.33 圆角和倒角的标注

（2）钻孔结构

用钻头加工盲孔时，由于钻头尖部有120°的圆锥面，所以不通孔的底部总有一个120°圆锥面。扩孔加工也将在直径不等的两柱面孔之间留下120°的圆锥面。

　　钻孔时，应尽量使钻头垂直于孔端面，否则易将孔钻偏或将钻头折断。当孔的端面是斜面或曲面时，应先把该平面铣平或制作成凸台或凹坑等结构，如图8.34所示。

图8.34　钻孔结构

　　（3）退刀槽和越程槽

　　在切削加工中，为了使刀具易于退出，并在装配时容易与有关零件靠紧，常在加工表面的台肩处先加工出退刀槽或越程槽。常见的有螺纹退刀槽、砂轮越程槽、刨削越程槽等，图中的数据可由相关的标准中查取。退刀槽的尺寸标注形式，一般可按"槽宽×直径"或"槽宽×槽深"标注。越程槽一般用局部放大图画出，如图8.35所示。

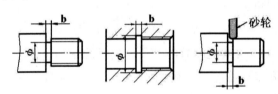

图8.35　退刀槽和越程槽

　　（4）工艺凸台和凹坑

　　为了减少加工表面，使配合面接触良好，常在两接触面处制出凸台和凹坑。如图8.36。

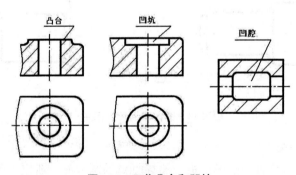

图8.36　工艺凸台和凹坑

五、读零件图

在零件设计制造、机器安装、机器的使用和维修及技术革新、技术交流等工作中，常常要看零件图。看零件图的目的是为了弄清零件图所表达零件的结构形状、尺寸和技术要求，以便指导生产和解决有关的技术问题，这就要求工程技术人员必须具有熟练阅读零件图的能力。

1. 读图要求

一张零件图的内容是相当丰富的，不同工作岗位的人看图的目的也不同，通常读零件图的主要要求为：

①对零件有一个概括的了解，如名称、材料等。

②根据给出的视图，想象出零件的形状，进而明确零件在设备或部件中的作用及零件各部分的功能。

③通过阅读零件图的尺寸，对零件各部分的大小有一个概念，进一步分析出各方向尺寸的主要基准。

④明确制造零件的主要技术要求，如表面粗糙度、尺寸公差、形位公差、热处理及表面处理等要求，以便确定正确的加工方法。

2. 读零件图的方法和步骤

读零件图的方法没有一个固定不变的程序，对于较简单的零件图，也许泛泛地阅读就能想象出物体的形状及明确其精度要求。对于较复杂的零件，则需要通过深入分析，由整体到局部，再由局部到整体反复推敲，最后才能搞清其结构和精度要求。一般而言应按下述步骤去阅读一张零件图。

（1）看标题栏

读一张图，首先从标题栏入手，标题栏内列出了零件的名称、材料、比例等信息，从标题栏可以得到一些有关零件的概括信息。

（2）明确视图关系

所谓视图关系，即视图表达方法和各视图之间的投影联系。

（3）分析视图，想象零件结构形状

从学习读机械图来说，分析视图、想象零件的结构形状是最关键的一步。看图时，仍采用组合体的看图方法，对零件进行形体分析、线面分析。由组成零件的基本形体入手，由大到小，从整体到局部，逐步想象出物体的结构形状。想象出基本形体之后，再深入到细部，这一点一定要引起高度重视，初学者往往被某些不易看懂的细节所困扰，这是抓不住整体造成的后果。

（4）看尺寸，分析尺寸基准

分析零件图上尺寸的目的，是识别和判断哪些尺寸是主要尺寸，各方向的主要尺寸基准是什么，明确零件各组成部分的定形、定位尺寸。

（5）看技术要求

零件图上的技术要求主要有表面粗糙度，极限与配合，形位公差及文字说明的加工、制造、检验等要求。这些要求是制订加工工艺、组织生产的重要依据，要深入分析理解。

第三节　装配图

用来表达机器或部件的整体结构的图样称为装配图。机器或部件都是由若干零件按一定的相互位置、连接方式、配合性质等装配关系组合而成的装配体。在机械产品的设计过程中，一般要先根据设计要求画出装配图，再根据装配提供的总体结构和尺寸，拆画零件图。装配图分为总装配图和部件装配图，总装配图一般用于表达机器的整体情况和各部件或零件间的相对位置；而部件装配图用于表达机器上某一个部件的情况和部件上各零件的相对位置。

在生产过程中，根据零件图加工制造零件，再把合格的零件按装配图的要求组装成机器或部件。装配图是指导装配、检验、安装、调试、的技术依据。在使用和维修过程中，可通过装配图了解其使用性能、传动路线和操作方法，以使得操作使用正确、维修保养及时。因此，装配图是反映设计思想、指导生产、交流技术的重要工具，是生产中的重要技术文件。

一、装配图的内容

一张完整的装配图应包括下列基本内容：

①一组视图。用一组视图表示机器（或部件）的工作原理和结构特点、零件的相互位置和装配关系和重要零件的结构形状。

②必要的尺寸。装配图上只要求注出表示机器（或部件）的规格、性能、装配、检验及安装所需要的一些尺寸。

③技术要求。在装配图中应注出机器（或部件）的装配、安装、检验和运转的技术要求。

④零件序号、明细栏。在装配图上，应对每个不同的零件（或组件）编写序号，在零件明细表中依次填写零件的序号、名称、件数、材料等内容。

⑤标题栏。标题栏的内容有：机器或部件的名称、比例、图号及设计、制图、校核人员的签名等。

二、装配图的规定画法、特殊画法和简化画法

前面所学过的机器的各种表达方法如基本视图、剖视、剖面等，都可以用来表达装配图。另外，对装配图还有一些规定画法、特殊画法和简化画法。

1. 规定画法

为了在读装配图时能迅速区分不同零件，并正确理解零件之间的装配关系，在画装配图时，应遵守下述规定。

①两零件的接触表面和配合表面只画一条粗实线，不接触表面和非配合表面画两条粗实线。若间隙过小时，可采用夸大画法。见图8.37。

②两个或两个以上的金属零件的剖面线倾斜方向应相反，或方向相同但间隔必须不等。同一零件在各个视图上的剖面线方向和间隔必须一致。当零件厚度在2mm以下，剖切时允许以涂黑代替剖面符号。见图8.38和图8.39。

③当剖切平面通过紧固件及球、手柄、键这些实心件的轴线时，按纵向剖切这些零件均按不剖绘制，即只画出外形。当剖切平面垂直这些零件的轴线时，则应画出剖面线。见图8.37。

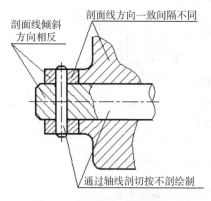

图8.37　接触面与非接触面画法

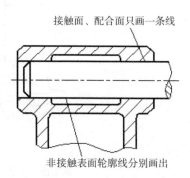

图8.38　装配图中剖面线的画法

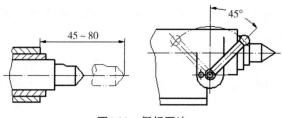

图8.39　假想画法

2.特殊画法

由于装配体是由若干个零件装配而成的，有些零件彼此遮盖，有些零件有一定的活动范围，还有些零件或组件属于标准产品，因此，为了使装配图既能正确完整，而又简练清楚地表达装配体的结构，国标中还规定了一些特殊的表达方法。

（1）拆卸画法

当某些零件遮住了需要表达的结构与装配关系时，可假想将这些零件拆去后，再画出某一视图。或沿零件结合面进行剖切，相当于拆去剖切平面一侧的零件。此时结合面上不画剖面线。必要时应注明"拆去××"。

（2）假想画法

①当需要表示某些零件运动范围或极限位置时，可用双点画线画出该零件的极限位置图。如图8.39。

②当需要表达与部件有关但又不属于该部件的相邻零件或部件时，可用双点画线画出相邻零件或部件的轮廓。如图8.40中的铣刀盘。

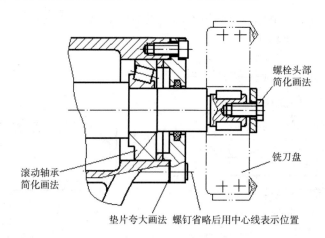

螺栓头部
简化画法

铣刀盘

滚动轴承
简化画法

垫片夸大画法　螺钉省略后用中心线表示位置

图8.40　夸大画法、简化画法与假想画法

（3）夸大画法

在装配图中，非配合面的微小间隙、薄片零件、细弹簧等，如无法按实际尺寸画出时，可不按比例而夸大画出。如图8.40中的垫片、端盖与轴之间的间隙均夸大画出。

（4）单独表示某个零件

在装配图中，当某个零件的形状未表达清楚而又对理解装配关系有影响时，可单独画出该零件的某一视图。

（5）展开画法

为了表达某些重叠的装配关系，如多级齿轮变速箱，为了表示齿轮传动顺序和装配关系，可以假想将空间轴系按其传动顺序展平在一个平面上，画出剖视图。

3. 简化画法

①在装配图中，零件的工艺结构，如小圆角、倒角、退刀槽等可省略不画。

②装配图中的螺纹连接件等若干相同的零件组，允许仅详细画一处，其余则用点划线标明中心位置。

③在剖视图中表示轴承时，允许画出对称图形的一半，另一半画出其轮廓，并用细实线画出其轮廓的对角线。如图8.40中的滚动轴承简化画法。

三、装配图的尺寸标注和技术要求

1. 尺寸标注

装配图的作用与零件图不同，所以在装配图中标注尺寸时，不必把制造零件所需的尺寸都标出来，只需标注以下5类尺寸。

（1）规格、性能尺寸

规格、性能尺寸指表示该产品规格或工作性能的尺寸。这类尺寸是设计产品的主要数据，是在绘图前就确定了的。

（2）装配尺寸

装配尺寸指表示机器或部件中各零件装配关系的尺寸。有以下两种：

①配合尺寸：表示两个零件之间配合性质的尺寸。

②相对位置尺寸：表示装配机器和拆画零件图时需要保证的零件间相对位置

的尺寸。

（3）安装尺寸

安装尺寸指表示部件安装时所需的尺寸。

（4）外形尺寸

外形尺寸指表示机器（或部件）外形轮廓的大小，即总长、总宽和总高。它为包装、运输和安装过程所占的空间大小提供数据。

（5）其他重要尺寸

其他重要尺寸指在设计中确定的，而又未包括在上述几类尺寸中的一些重要尺寸。如运动零件的极限尺寸、主要零件的重要尺寸等。

上述5类尺寸，并不一定都标注，要看具体要求而定。此外，有的尺寸往往同时具有多种作用。因此，对装配图中的尺寸需要具体分析，然后进行标注。

2. 技术要求

由于装配体的性能、用途各不相同，因此其技术要求也不同，拟定装配体的技术要求时，应具体分析，一般从以下三个方面考虑。

①装配要求：指装配过程中的注意事项，装配后应达到的要求。

②检验要求：指对装配体基本性能的检验、试验、验收方法的说明等。

③使用要求：对装配体的性能、维护、保养、使用注意事项的说明。

上述各项，不是每一张装配图都要求全部注写，应根据具体情况而定。

四、装配图中的零、部件序号

为了便于读图，在装配图中，要对所有零、部件编写序号，并在标题栏上方画出零件明细表，按图中序号把各零件填写在表中。

1. 零、部件序号

（1）零、部件序号的标注方法

零、部件的序号应注在图形轮廓线的外边。从所要标注的零、部件的可见轮廓线内引出指引线，在指引线的另一端画一水平线或圆圈，水平线或圆圈均用细实线绘制；在水平线上或圆圈内写明该零、部件的序号，序号字高要比尺寸数字大一号，见图8.41（a）和（b）。也允许采用不画水平线或圆圈的形式，序号注写在指引线附近，序号字高要比尺寸数字大两号。但同一装配图中的序号形式应当一致，见图8.41（c）。必要时指引线可以画成折线，但只能弯折一次。对于很薄的零件或涂黑的剖面可用箭头指向该零件的轮廓线，见图8.41（d）。

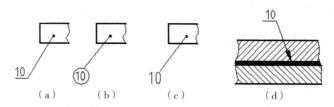

图8.41　零、部件序号的标注方法

（2）零、部件序号的标注时的注意事项

①指引线尽可能分布均匀，不能相交。

②指引线通过有剖面线的区域时，尽量不与剖面线平行。

③一组紧固件以及装配关系清楚的零件组，允许采用图8.42中各种形式的公共指引线。

④装配图中相同的零件在各视图中只有一个序号，不能重复。

⑤对同一标准部件（如油杯、滚动轴承、电机等）在装配图上只编一个序号。

⑥零件序号要沿水平或垂直方向按顺时针或逆时针依次排列整齐，不得零乱。

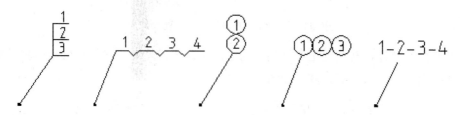

图8.42　公共指引线

2. 零、部件的明细表

装配图中零、部件的明细表画在标题栏上方，外框为粗实线，内格为细实线，假如地方不够，可在标题栏的左边再画一排。明细表中的零件序号从下向上顺序填写，以便增加零件时可继续向上画格。

在实际生产中，明细表也可不画在装配图内，而在单独的零件明细表上按零件分类和一定格式填写，然后装订成册，作为装配图的附件。

五、装配结构的合理性

为了使零件装配成机器或部件后能达到设计要求，并考虑到便于装拆和加工，在设计时必须注意装配结构的合理性，下面是几种常见的装配工艺结构的正误比较。

①配合面与接触面。两零件的接触表面，同方向只允许一对接触面。如图8.43。

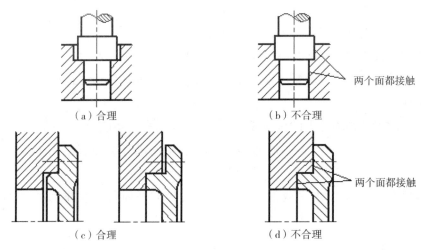

图8.43　两零件同方向只允许一对接触面

②相配合零件转角处工艺结构。为了确保两零件转角处接触良好，应将转角设计成圆角、倒角或退刀槽。如图8.44。

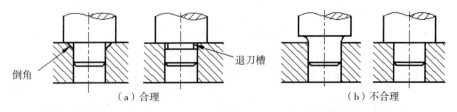

图8.44　零件转角处设计成圆角、倒角或退刀槽

③减少加工面积的工艺结构。两零件在保证可靠性的前提下，应尽量减少加工面积，即接触面常做成凸台或凹坑。如图8.45。

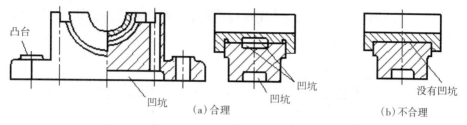

图8.45　接触面做成凸台或凹坑

④圆锥面配合处结构。

1）圆锥面接触应有足够的长度，同时不能再有其他端面接触，以保证配合的可靠性。如图8.46。

2）定位销孔应做成通孔，便于取出。如图8.46。

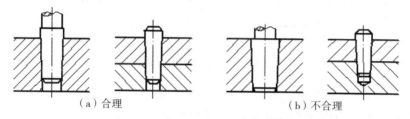

图8.46　圆锥面接触应有足够的长度，销孔应做成通孔

⑤紧固件装配工艺结构。螺栓、螺钉联接时考虑装拆方便，应注意留出装拆空间。如图8.47。

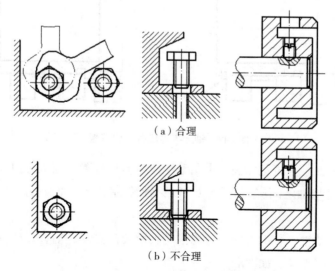

图8.47　螺栓、螺钉联接时应留出装拆空间

⑥并紧及防松结构。轮长应大于该段轴长，以保证螺母、垫圈并紧。为了防松可采用槽螺母和开口销。如图8.48。

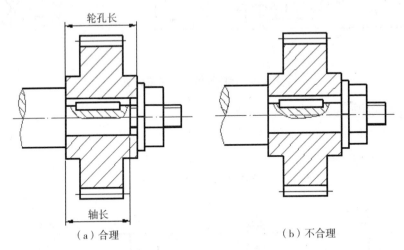

图8.48　轮长应大于该段轴长

⑦滚动轴承定位装置。轴上零件应有可靠的定位装置，保证零件不在轴上移动,如滚动轴承应采用弹性挡圈等固定。如图8.49。

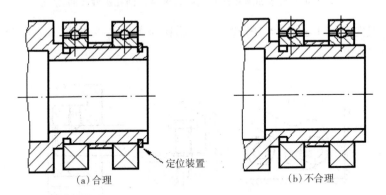

图8.49　轴上零件应有定位装置

⑧油封装置。为避免漏油，采用毛毡作为油封装置，毛毡与轴之间不应留有间隙；而端盖与轴之间应留有间隙，以免轴转动时与端盖摩擦，损坏零件。如图8.50。

⑨考虑滚动轴承装拆方便。考虑滚动轴承装拆方便，轴肩直径应小于图示安装时轴承的内圈直径。如图8.51。

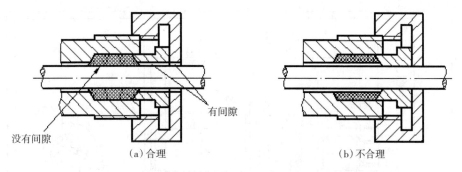

图8.50 毛毡与轴之间不应有间隙，而端盖与轴之间有间隙

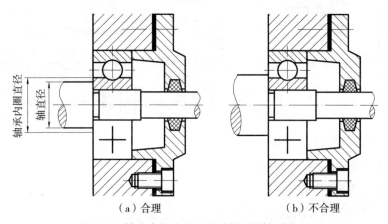

图8.51 轴肩直径应小于安装轴承的内圈直径

练 习

1. 识读零件图，回答下列问题。

（1）该零件的名称叫_____，比例为_____，数量为_____。

（2）零件采用_____个图形表达，其中A向称为_____，2∶1下方的图称为_____。

（3）解释M22×1.5-5g6g的含义：_____。

（4）70±0.23的最大极限尺寸是_____；公差是_____。

（5）该零件中，要求最高的表面粗糙度代号是_____。

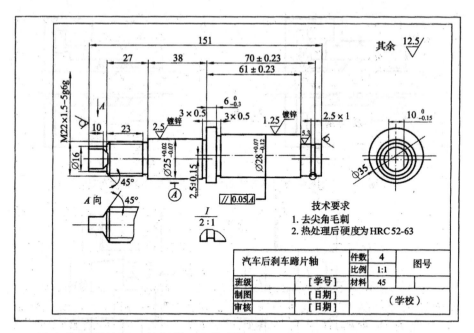

2. 读齿轮轴零件图，并回答下列问题。

（1）说明 $\boxed{\perp\,|\,0.03\,|\,A}$ 的含义。

（2）说明 Φ17k6 的意义。

（3）说明符号 $\overset{6.3}{\sqrt{}}$ 的含义。

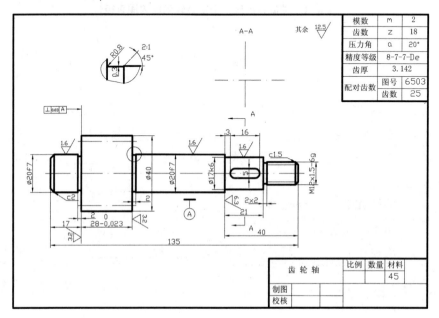

第二部分

CAD 上机实训

《CAD上机实训》是一门综合性、实践性和应用性的课程，是《工程制图》或《机械制图》等课程的配套课程，以CAD软件为依托，培养学生熟练使用绘图软件绘制工程图的能力。

实训的目的是让学生可以熟练地使用相关绘图软件绘制平面图形和三维立体图形，通过视图形式输出相应工程图纸；巩固课堂上所学的绘制专业图的基本理论知识和方法，了解有关的国家标准，掌握运用CAD软件绘制专业图的方法和技能，培养耐心细致的工作作风和严肃认真的工作态度。

本部分包括三个内容：一是AutoCAD三视图绘制，以及三维零件图绘制及其三视图生成；二是AutoCAD Plant 3D货架生成；三是SolidWorks三维装配图绘制及其三视图生成。

AutoCAD是目前绘制二维视图功能最强大和应用最广泛的绘图软件之一，它可以快速、准确、方便地绘制和编辑出各种工程图样，是工程和机械专业的技术人员必备的基本技能。通过本次实训，要求学生学习AutoCAD的相关知识，掌握AutoCAD文件的操作与管理、环境设置，掌握坐标的输入方法；掌握对象特征点的捕捉，以及线型、颜色、图层的设置的基本方法；掌握AutoCAD的各种绘图命令，能够熟练运用图形的选择、删除、复制、镜像、阵列、移动、缩放、拉伸、修剪、延伸、填充等功能准确地绘制图形；掌握AutoCAD的文字输入、图案填充和块的制作和插入等方法；掌握AutoCAD的各种尺寸标注、尺寸设置和尺寸编辑命令。

AutoCAD Plant 3D是一款专门面向三维工厂设计的软件，可对工厂进行设计、建模和文档编制。集成的AutoCAD软件功能可以创建和编辑如管道与仪表等流程图，并根据三维模型协调基本数据，生成和共享等轴侧视图、ISO图、正交视图和材料报表等其他文档。在Plant 3D中可以直接调取P&ID信息数据来创建设备、管道、结构等三维模型。因此这款软件对于物流管理和物流工程专业的人员设计仓库非常合适。它可以进行厂房或仓库布局设计，使工厂设计师和工程师能够创建先进的三维设计，从而提高生产率、提高准确性以及增强协作。

SolidWorks软件是世界上第一个基于Windows开发的三维CAD系统，遵循易用、稳定和创新三大原则。该软件功能强大，组件繁多，这使得它成为领先的、主流的三维CAD解决方案。使用它，设计师大大缩短了设计时间，使产品可快速、高效地投向市场。它不仅能方便地绘制三维设备的装配体，还能自动生成爆炸图和三视图。

实训的基本要求：

1. 掌握AutoCAD三视图——零件图绘制。实际的加工制造和现场施工基本都以平面视图的工程图纸为依据。

2. 掌握AutoCAD Plant 3D工厂设计的技巧和方法，设计并绘制出三维立体货架。

3. 掌握SolidWorks三维装配体绘制及生成爆炸图和三视图——装配图。

4. 掌握以上软件的平面视图输出及打印。

第九章　AutoCAD二维视图和三维立体图绘制

AutoCAD（Autodesk Computer Aided Design）是由美国Autodesk（欧特克）公司开发的目前国内外最广泛使用的计算机辅助绘图和设计软件包，是工程技术人员应该掌握的强有力的绘图工具。于1982年首次开发，用于二维绘图、设计文档和基本三维设计等。AutoCAD具有良好的用户界面，通过交互菜单或命令行方式便可以进行各种操作。它的多文档设计环境，让非计算机专业人员也能很快地学会使用。AutoCAD具有广泛的适应性，它可以在各种操作系统支持的微型计算机和工作站上运行。借助它，无须懂得编程即可自动制图，可以用于工业制图、工程制图、土木建筑、装饰装潢、电子工业、服装加工、物流等多个领域。

AutoCAD基本功能有如下4个。

一是平面绘图。能以多种方式创建直线、圆、椭圆、多边形、样条曲线等基本图形。AutoCAD提供了正交、对象捕捉、极轴追踪、捕捉追踪等绘图辅助工具。正交功能使用户可以很方便地绘制水平、竖直直线，对象捕捉可帮助拾取几何对象上的特殊点，而追踪功能使画斜线及沿不同方向定位点变得更加容易。

二是编辑图形。AutoCAD具有强大的编辑功能，如：

①编辑修改。可以移动、复制、旋转、阵列、拉伸、延长、修剪、缩放对象等。

②标注尺寸。可以创建多种类型尺寸，标注外观可以自行设定。

③书写文字。能轻易在图形的任何位置、沿任何方向书写文字，可设定文字字体、倾斜角度及宽度缩放比例等属性。

④图层管理。图形对象都位于某一图层上，可设定图层颜色、线型、线宽等特性。

三是三维绘图。可创建3D实体及表面模型，能对实体本身进行编辑。

四是其他功能。主要包括：

①网络功能。可将图形在网络上发布，或是通过网络访问AutoCAD资源。

②数据交换。AutoCAD提供了多种图形图像数据交换格式及相应命令。

③二次开发。AutoCAD允许用户定制菜单和工具栏，并能利用内嵌语言Autolisp、Visual Lisp、VBA、ADS、ARX等进行二次开发。

本教材以AutoCAD2018版本为例说明AutoCAD二维视图和三维立体图绘制，以实例详细讲述其绘制步骤。

第一节　制图前的准备

一、新建文件

如图9.1，点击"新建文件"。接下来的对话框中，对于公制单位是毫米，选择使用默认选项的acadiso.dwt模板。

图9.1　新建文件

二、熟悉平移、缩放功能

在绘图屏幕的右边中间区域有一个工具条，如图所示，熟悉实时平移、缩放功能。点击图中的"范围缩放"按钮下面的小倒三角图案会弹出如图9.2所示的功能选择条，熟悉其中的"实时缩放""窗口缩放"等功能。

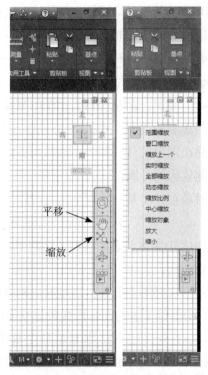

图9.2　熟悉平移、缩放功能

三、对象捕捉设置

点击屏幕右下边的状态栏的"对象捕捉" [ ] 右边的小倒三角图案 [ ]，如图9.3。

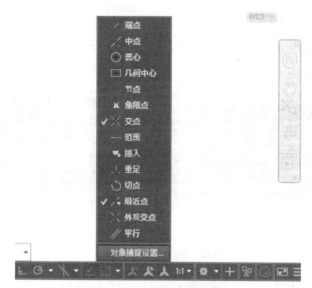

图9.3 调出"对象捕捉设置"

点击上图中的"对象捕捉设置…"，弹出对话框如图9.4。

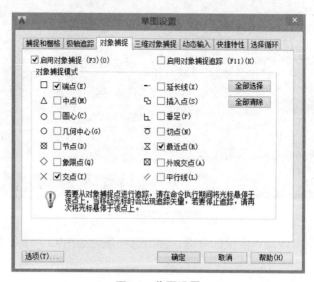

图9.4 草图设置

点击图9.4中的"对象捕捉"选项按钮，然后点击"全部清除"按钮，并把"启用对象捕捉"前面的√去掉，最后点击"确定"退出该对话框。

三、设置图层并画出四种直线

按照图9.5~13.10的操作顺序，添加并设置粗实线、细实线、虚线、点画线这四个常用图层及其相应线型和颜色，并绘制出这四种直线。

如图9.5，点击"图层特性"。

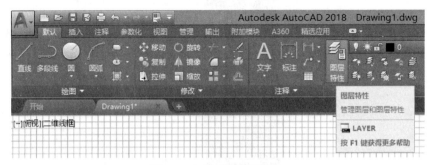

图9.5 点击"图层特性"

如图9.6，弹出对话框。

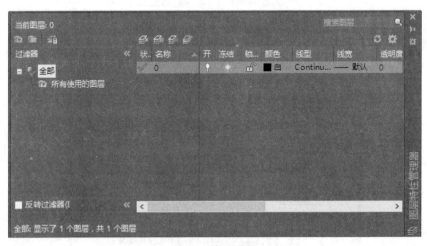

图9.6 管理图层

在图层的空白区域点击鼠标右键，弹出选项条，如图9.7，添加并设置图层。

图9.7　添加并设置图层

　　在上图中点"新建图层"，如此操作三次新建三个图层。然后点击线型选项，在弹出的"选择线型"对话框中点击"加载"按钮，如图9.8，加载相应的点划线和虚线线型。

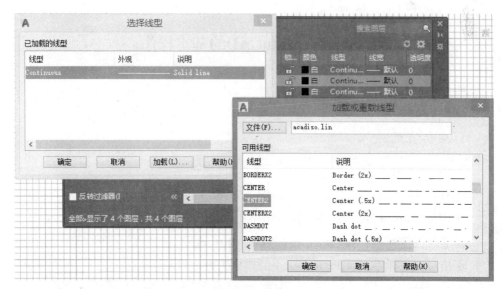

图9.8　加载线型

　　如图9.9，设置图层名称及其颜色、线型和线宽。

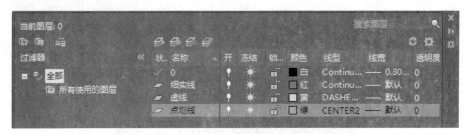

图9.9　设置图层名称及其颜色、线型、线宽

设置当前图层并绘制出如下四种直线，如图9.10。

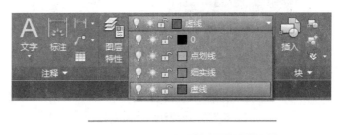

图9.10　设置当前图层并绘制四种直线

第二节　AutoCAD的基本操作

一、数据输入

1. 坐标点的输入

（1）键盘输入

①绝对直角坐标系：x, y　　　（例如：50, 80）

②相对直角坐标系：@△x, △y　（例如：@20, 40）

③绝对极坐标系：ρ < θ　　　（例如：40 < 60）

④相对极坐标系：@ρ < θ　　（例如：@20 < 30）

（2）光标定位

用鼠标移动光标至显示位置，单击左键确定该点。

2. 角度的输入

默认以度为单位，X轴正向为0°，以逆时针方向为正，顺时针方向为负。可用以下两种方式输入角度：

①通过键盘直接输入角度数值。如图9.11。按下键盘的Tab键，然后按一下键盘上的Backspace键，接着直接输入另一数值，最后回车即可。如图9.12。

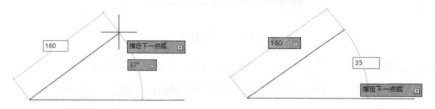

图9.11　通过键盘直接输入角度数值　　图9.12　通过键盘直接输入另一角度数值

②用鼠标移动光标时显示角度值，单击左键确定角度。

二、各种常用命令

如图9.13所示的6个功能是经常要用到的。

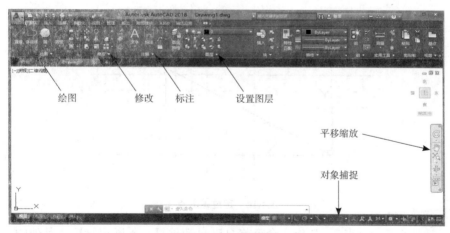

图9.13　6个常用功能

部分常用命令详述如下。

1. 直线

直线是 AutoCAD 图形中最基本和最常用的对象。若要绘制直线，请单击

"直线"工具。如图9.14所示。

图9.14 绘制直线

或者，也可以在"命令"窗口中键入 LINE 或 L，然后按 Enter 键或空格键。请注意在"命令"窗口中对于输入点位置的提示。如图9.15所示。

LINE 指定第一个点：

图9.15 注意在"命令"窗口中对于输入点位置的提示

若要指定该直线的起点，可以键入坐标比如（0,0）。若要定位其他点，可以在绘图区域中指定其他 X,Y 坐标位置。如图9.16所示。

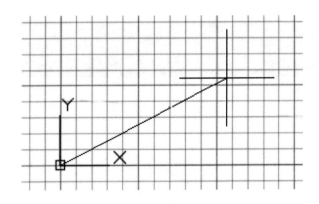

图9.16 定位输入点

指定了下一个点后，LINE 命令将自己自动重复，不断提示输入其他的点。按 Enter 键或空格键结束序列。

2. 圆

CIRCLE命令的默认选项需要指定中心点和半径。

如图9.17，点击后在下拉菜单中提供了其他的圆选项，如图9.18所示。

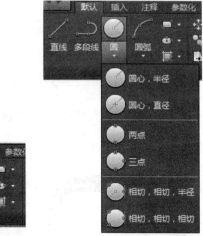

图9.17　画圆　　　　　图9.18　其他的圆选项

或者，也可以在"命令"窗口中输入 CIRCLE 或 C，并单击以选择一个选项。如果执行此操作，可以指定中心点，也可以单击其中一个亮显的命令选项，如图9.19所示。

图9.19　在"命令"窗口中输入

3. 多段线

多段线是作为单个对象创建的相互连接的序列直线段或弧线段。如图9.20所示。

图9.20　创建多段线

使用 PLINE 命令可以创建开放多段线或闭合多段线。

多段线可以具有恒定宽度，或者可以有不同的起点宽度和端点宽度。指定多段线的第一个点后，可以使用"宽度"选项来指定所有后来创建的线段的宽度。可以随时更改宽度值，甚至在创建新线段时更改。如图9.21所示。

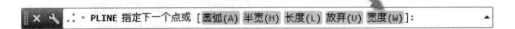

图9.21　多段线输入

多段线对于每个线段可以有不同的起点宽度和端点宽度，如图9.22所示。

图9.22　多段线对于每个线段可以有不同的起点宽度和端点宽度

4. 矩形

快速创建闭合矩形多段线的方法是使用 RECTANG 命令（在"命令"窗口输入 REC）。如图9.23所示。

只需单击矩形的两个对角点即可，如图9.24所示。如果使用此方法，则启用"栅格捕捉"（F9）以提高精度。

图9.23　创建闭合矩形

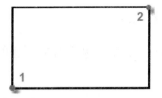

图9.24　单击矩形的两个对角点创建矩形

5. 图案填充

在 AutoCAD 中，图案填充是单个复合对象，该对象使用直线、点、形状、实体填充颜色或渐变填充的图案覆盖指定的区域。命令按钮如图9.25所示。

图9.25　图案填充

点击"图案填充"按钮后出现如下工具栏，如图所示图案选择ANSI31，比例默认为1，该比例数字越大越稀，越小越密。

图9.26

也可以在图案填充以后双击已填充的图案，出现如下对话框进行相应修改。

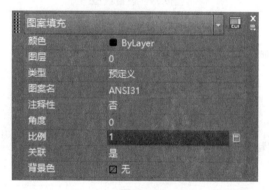

图9.27

6. 匹配对象特性

若要将选定对象的特性快速复制到其他对象，请使用"匹配特性"工具，或在命令窗口中输入 MATCHPROP 或 MA。命令按钮如图9.28所示。

图9.28　匹配对象特性

选择源对象，然后选择要修改的所有对象。

7. 线型

从"特性"面板指定虚线和其他不连续的线型。必须先加载线型，然后才可以指定它。

在"线型"下拉列表中，单击"其他"。 如图9.29所示。

图9.29　设置线型

此操作将显示"线型管理器"对话框。

如图9.30，按顺序执行以下步骤：

①单击"加载"。选择要使用的一个或多个线型。请注意，虚线（不连续）线型具有多个预设大小。

②单击"显示/隐藏详细信息"以显示其他设置。

③为所有线型指定不同的"全局比例因子"，其值越大，划线和空格越长。单击"确定"。

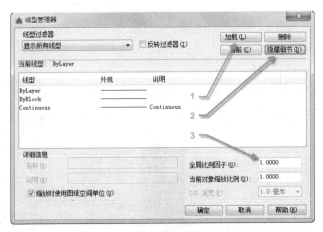

图9.30　"线型管理器"对话框

加载了计划使用的线型后，可以选择任何对象，并从"特性"选项板指定线型。另外，可以在图层特性管理器中为任何图层指定默认线型。

8. 线宽

"线宽"特性提供显示选定对象的不同厚度的方式。不管视图的比例如何，这些直线的厚度都保持不变。在布局中，将始终显示线宽并以实际单位打印。

也可以从"特性"面板指定线宽。如图9.31所示。

图9.31　指定线宽

可以保留设置为 ByLayer 的线宽，也可以指定替代图层的线宽的值。在某些情况下，线宽预览看起来相同，因为它们以近似的像素宽度显示在监视器上。但是，它们将以正确的厚度进行打印。

提示：通常，在工作时，最好关闭线宽。粗线宽可能会在使用对象捕捉时，遮挡附近的对象。可能希望在打印前打开它们，以便进行检查。

要控制线宽的显示，请单击线宽列表底部的"线宽设置"按钮。在"线宽设置"对话框中，可以选择要显示还是隐藏线宽。如图9.32所示。

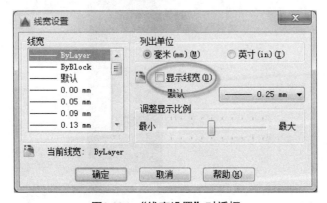

图9.32　"线宽设置"对话框

无论显示设置如何，线宽将始终以正确的比例打印。

9. 选择多个对象

有时，需要选择大量对象。如图9.33，可以通过单击空白位置 "1"，向左或向右移动光标，然后再次单击 "2" 来选择区域中的对象，而不是分别选择每个对象。

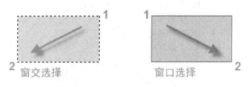

图9.33　选择多个对象

使用"窗交选择"，可选中绿色区域（左边虚框）内或接触该绿色区域的任何对象。使用"窗口选择"，将仅选中完全包含在蓝色区域（右边实框）内的对象。

10. 形位公差

如图9.34，点击"显示菜单栏"。

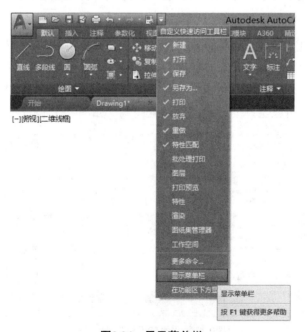

图9.34　显示菜单栏

然后如图9.35，点击"标注"→"公差"。

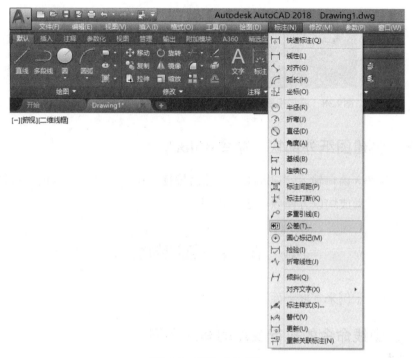

图9.35　调出"公差"

弹出图9.36所示对话框，并按要求填写和选择。

点击"确定"，再在屏幕需要位置单击，得到图9.37。

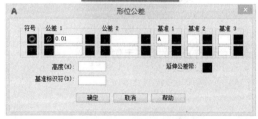

图9.36　公差设置与输入

图9.37　形位公差

点击图9.38中所示"引线"，以添加指引线。

最后结果如图9.39所示。

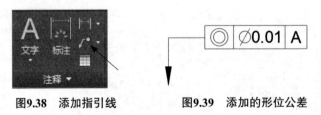

图9.38 添加指引线   图9.39 添加的形位公差

三、创建图纸外部块：命令wblock

在命令输入窗口输入"wblock"，然后按提示操作，将已画好的标准图框和标题栏等图形做成块以方便以后绘图调用。

第三节　平面视图的绘制

本节通过示例来掌握平面视图的绘制。

一、画线命令的执行及点的输入示例

绘制如图9.40所示图形。

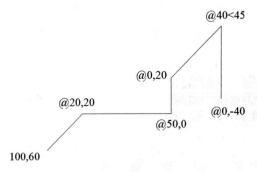

图9.40 画线命令的执行及点的输入示例

绘制过程如下：

命令: _line

指定第一个点: 100,60回车

指定下一点或 [放弃（U）]: @20,20回车

指定下一点或 [放弃（U）]: @50,0回车

指定下一点或[闭合（C）/放弃（U）]: @0,20回车

指定下一点或[闭合（C）/放弃（U）]: @40<45回车

指定下一点或[闭合（C）/放弃（U）]: @0,–40回车

指定下一点或[闭合（C）/放弃（U）]:回车

用"创建多行文字对象"按钮在图中相应位置添加图中各点坐标值注释。

二、视图绘制

完成如图9.41所示的视图绘制。

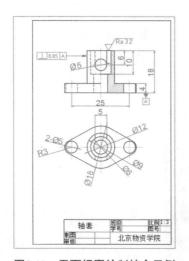

图9.41　平面视图绘制综合示例

绘制过程如下：

①设置图层，如图9.42所示。

图9.42　设置图层

②打开正交光标，切换到"点划线"图层，画中心线，如图9.43所示。

图9.43 画中心线

③打开并设置对象捕捉，如图9.44所示。

④切换到"0"图层，画俯视图中的Φ6、Φ9、Φ12、Φ18四个圆，然后把竖直中心线往左右偏移12.5，画左右对称的Φ5、Φ6四个圆，如图9.45所示。

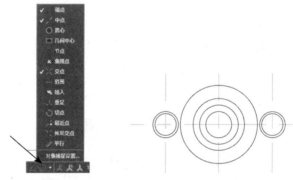

图9.44 设置对象捕捉　　　　图9.45 绘八个圆

如果捕捉不到交点，则打开捕捉设置（图9.46），去掉"启用捕捉"框里的√。

图9.46 捕捉设置

⑤利用"捕捉切点"画四条切线，并把竖直中心线左右偏移2.5，并经过修剪、特性匹配等操作，得到图9.47。

如果虚线、点划线等比例不合适，可在图9.48的对话框中调整"全局比例因子"。

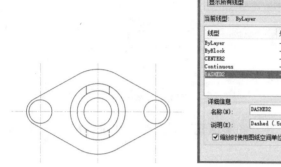

图9.47　绘制草图　　　　　　　图9.48　调整线型的"全局比例因子"

⑥切换到"0"图层，在主视图合适位置任画一条水平直线，把该直线往上偏移4和18的距离，然后把最上面的一条水平线往下偏移6和10的距离，如图9.49所示。

⑦从俯视图往主视图画投影线，如图9.50所示。

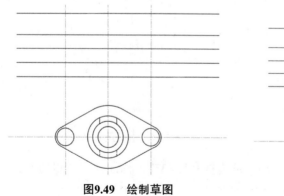

图9.49　绘制草图

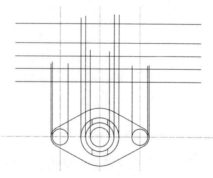

图9.50　绘制草图

⑧经过修剪、特性匹配，得到图9.51。

⑨在主视图中画Φ5的前后贯通的孔、宽度为5的竖直槽，如图9.52所示。

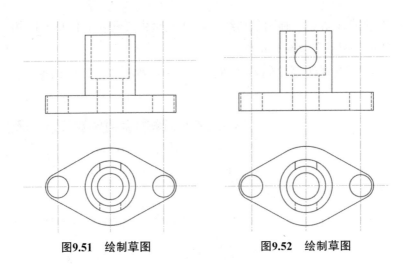

图9.51 绘制草图　　　　　　　图9.52 绘制草图

⑩将主视图改画为半剖视图，并"图案填充"，对中心线进行修剪，结果如图9.53所示。

⑪切换到"标注"图层进行标注，如图9.54所示。

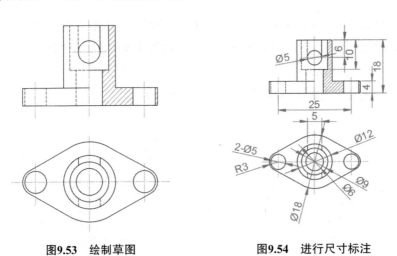

图9.53 绘制草图　　　　　　　图9.54 进行尺寸标注

⑫按照本书之前介绍的内容添加图纸边框和标题栏，标注公差和粗糙度，完成视图绘制。

这其中可能会遇到两个问题。

1）AutoCAD上的图形在比例缩放的时候，如何让尺寸的数值保持不变？方法如下：

如图9.55点击"管理标注样式…"。

图9.55　管理标注样式

弹出如图9.56对话框，点击"修改"。

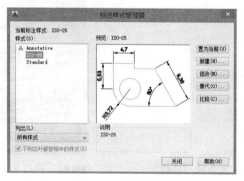

图9.56　标注样式管理器

在弹出如图9.57所示的对话框中，点击"主单位"，然后在"比例因子"中输入图形缩放比例的倒数。

图9.57　在"比例因子"中输入图形缩放比例的倒数

2）有时候图形放大几倍时尺寸会显得很小，按以下方法可改变尺寸字体大小。

首先选择所有尺寸，然后点击鼠标右键，点击其中的"特性"，如图9.58所示。

在弹出的对话框如图9.59中找到"文字"→"文字高度"，修改为合适
高度。

图9.58　点击其中的"特性"

图9.59　修改为合适高度

第四节　三维立体建模

完成如图9.60所示的箱体的三维立体建模。

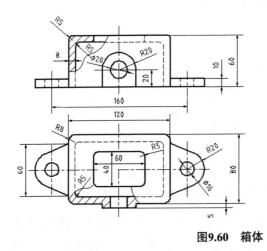

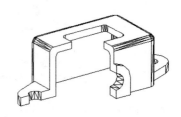

图9.60　箱体

该三维立体建模过程如下。

一、新建一张图

设置实体层和辅助线层。并将实体层设置为当前层。将视图方向调整到西南等轴测方向。

①点击屏幕右下角的"切换工作空间"按钮→三维建模。如图9.61、图9.62所示。

图9.61　点击屏幕右下角的"切换工作空间"按钮

②点击屏幕左上角的"俯视"选项→西南等轴测。如图9.63。

图9.62　点击"三维建模"

图9.63　设置成西南等轴测

二、创建长方体

调用长方体命令，绘制长120、宽80、高60的长方体。

三、圆角

调用圆角命令，以8为半径，对四条垂直棱边倒圆角，过程如图9.64~9.66，结果如图9.67所示。

esk AutoCAD 2016 Drawing1.dwg
视图 管理 输出 附加模块 A360
截面
修改
坐标
圆角
给对象加圆角
FILLET
按 F1 键获得更多帮助

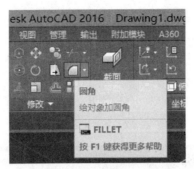

图9.64 调用圆角命令

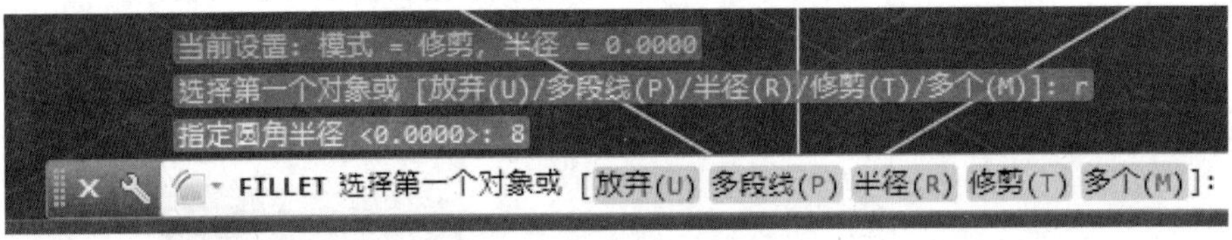

当前设置：模式 = 修剪，半径 = 0.0000
选择第一个对象或 [放弃(U)/多段线(P)/半径(R)/修剪(T)/多个(M)]: r
指定圆角半径 <0.0000>: 8
FILLET 选择第一个对象或 [放弃(U) 多段线(P) 半径(R) 修剪(T) 多个(M)]:

图9.65 倒圆角命令

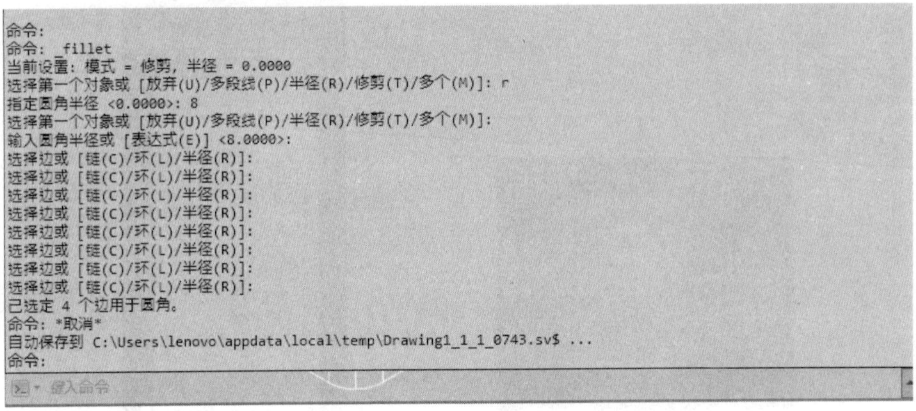

命令:
命令: _fillet
当前设置: 模式 = 修剪, 半径 = 0.0000
选择第一个对象或 [放弃(U)/多段线(P)/半径(R)/修剪(T)/多个(M)]: r
指定圆角半径 <0.0000>: 8
选择第一个对象或 [放弃(U)/多段线(P)/半径(R)/修剪(T)/多个(M)]:
输入圆角半径或 [表达式(E)] <8.0000>:
选择边或 [链(C)/环(L)/半径(R)]:
选择边或 [链(C)/环(L)/半径(R)]:
选择边或 [链(C)/环(L)/半径(R)]:
选择边或 [链(C)/环(L)/半径(R)]:
选择边或 [链(C)/环(L)/半径(R)]:
选择边或 [链(C)/环(L)/半径(R)]:
选择边或 [链(C)/环(L)/半径(R)]:
选择边或 [链(C)/环(L)/半径(R)]:
已选定 4 个边用于圆角。
命令: *取消*
自动保存到 C:\Users\lenovo\appdata\local\temp\Drawing1_1_1_0743.sv$ ...
命令:
键入命令

图9.66 倒圆角过程

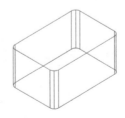

图9.67 倒圆角后的箱体

四、创建内腔

1. 抽壳

点击菜单"实体"→"抽壳",如图9.68所示。

图9.68 点击"抽壳"

如图9.69"抽壳"的命令解释。

图9.69 "抽壳"命令解释

调用抽壳命令:

命令: _solidedit

选择三维实体:在三维实体上单击

删除面或 [放弃(U)/添加(A)/全部(ALL)]:选择上表面 找到一个面,已删除1个。

删除面或 [放弃(U)/添加(A)/全部(ALL)]: ✓

输入抽壳偏移距离: 8 ✓

结果如图9.70所示。

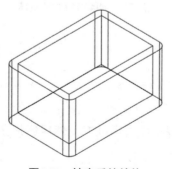

图9.70 抽壳后的箱体

2. 倒圆内角

单击"修改"工具栏上的"圆角"命令按钮，调用圆角命令，以5为半径，对内表面的四条垂直棱边倒圆角。倒圆内角命令过程如图9.71所示。

```
命令: '_pan
按 Esc 或 Enter 键退出，或单击右键显示快捷菜单。
命令:
命令:
命令: _fillet
当前设置: 模式 = 修剪，半径 = 8.0000
选择第一个对象或 [放弃(U)/多段线(P)/半径(R)/修剪(T)/多个(M)]:
输入圆角半径或 [表达式(E)] <8.0000>: 5
选择边或 [链(C)/环(L)/半径(R)]:
选择边或 [链(C)/环(L)/半径(R)]:
选择边或 [链(C)/环(L)/半径(R)]:
选择边或 [链(C)/环(L)/半径(R)]:
选择边或 [链(C)/环(L)/半径(R)]:
已拾取到边。
选择边或 [链(C)/环(L)/半径(R)]: r
输入圆角半径或 [表达式(E)] <5.0000>:
选择边或 [链(C)/环(L)/半径(R)]:
已选定 4 个边用于圆角。
命令: *取消*
```

图9.71　倒圆内角过程

结果如图9.72所示。

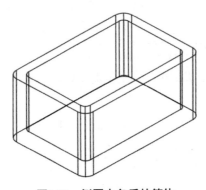

图9.72　倒圆内角后的箱体

五、创建耳板

1. 绘制耳板端面

先把坐标系固定到上表面，如图9.73。然后还是在"西南等轴测"视图中画出耳板。

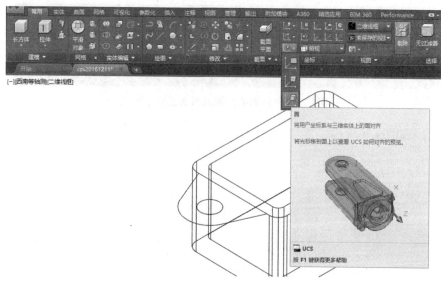

图9.73　把坐标系固定到上表面

如图9.74，将所画线框生成面域。

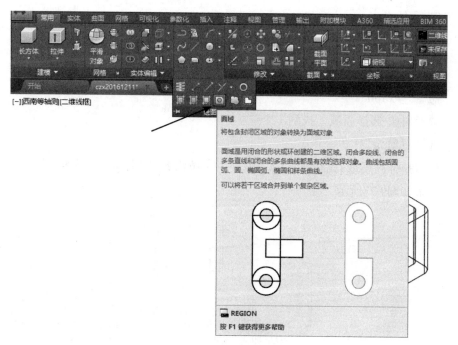

图9.74　生成面域

然后用外面的大面域减去圆形小面域，如图9.75求差集。

图9.75 用外面的大面域减去圆形小面域

结果如图9.76所示。

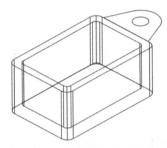

图9.76 绘制耳板端面后的箱体

2. 拉伸耳板

单击"实体"工具栏上的"拉伸"命令按钮，调用拉伸命令。

拉伸命令过程：

命令：_extrude

选择对象:选择面域　找到 1 个

选择对象:✔

指定拉伸高度或 [路径（P）]: –10✔　　（按F12　取消动态输入）

结果如图9.77所示。

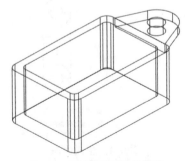

图9.77 拉伸耳板后的箱体

3. 镜像另一侧耳板

如图9.78调用"三维镜像"命令，然后按如下过程操作：

命令: _mirror3d

选择对象:选择耳板 找到 1 个

选择对象:✓

指定镜像平面（三点）的第一个点或[对象（O）/最近的（L）/Z 轴（Z）/视图（V）/XY 平面（XY）/YZ 平面（YZ）/ZX 平面（ZX）/三点（3）] <三点>:选择中点A

　　在镜像平面上指定第二点: 选择中点B

　　在镜像平面上指定第三点: 选择中点C

　　是否删除源对象？[是（Y）/否（N）] <否>:N✓

　　结果如图9.79所示。

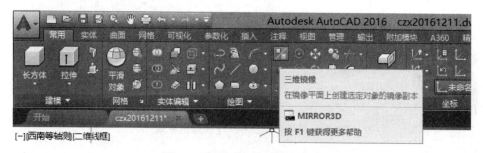

图9.78　调用"三维镜像"命令

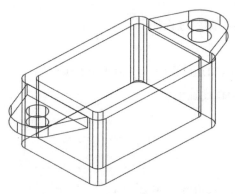

图9.79　镜像另一侧耳板后的箱体

4.布尔运算

调用并集运算命令，将两个耳板和一个壳体合并成一个。如图9.80所示。

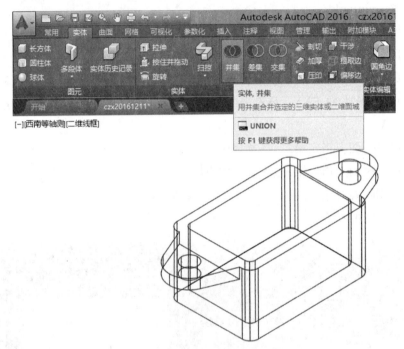

图9.80 将两个耳板和一个壳体合并成一个

六、旋转

调用"三维旋转"命令过程如下：

命令: _3drotate

当前正向角度: ANGDIR=逆时针 ANGBASE=0

选择对象:选择实体 找到 1 个

选择对象:✓

指定基点:

拾取旋转轴:

指定旋转角度或键入角度: 180✓

正在重生成模型。

结果如图9.81所示。

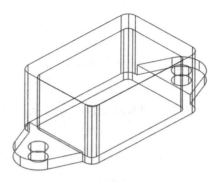

图9.81　旋转后的箱体

七、创建箱体顶盖方孔

1. 绘制方孔轮廓线

在"俯视"视图中，如图9.82调用矩形命令，绘制长60、宽40、圆角半径为5的矩形，用直线连接边的中点M、N，结果如图9.83（a）所示。

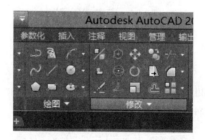

图9.82　调用矩形、移动、倒圆角命令

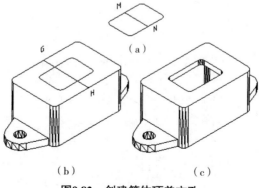

（b）　　　　　　　　　　　（c）

图9.83　创建箱体顶盖方孔

2. 移动矩形线框

在"西南等轴测"视图中，连接箱盖顶面长边棱线中点G、H，绘制辅助线GH。

如图9.82再调用移动命令，以MN的中点为基点，移动矩形线框至箱盖顶面，目标点为GH的中点。

3. 压印

图9.84点击"压印"。

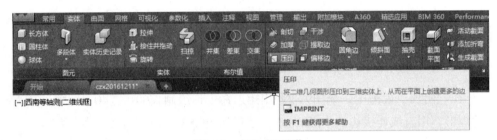

图9.84　点击"压印"

操作步骤如下：

命令: _imprint

选择三维实体或曲面:选择实体

选择要压印的对象:选择矩形线框

是否删除源对象 [是（Y）/否（N）] <N>: Y ↙

结果如图9.83（b）、图9.85所示。

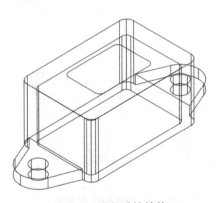

图9.85　压印后的箱体

4. 拉伸面

如图9.86，调用"拉伸面"命令。

图9.86　调用拉伸面命令

拉伸面操作过程如下：

命令: _solidedit

实体编辑自动检查: SOLIDCHECK=1

输入实体编辑选项 [面（F）/边（E）/体（B）/放弃（U）/退出（X）] <退出>: _face

输入面编辑选项[拉伸（E）/移动（M）/旋转（R）/偏移（O）/倾斜（T）/删除（D）/复制（C）/着色（L）/放弃（U）/退出（X）] <退出>: _extrude

选择面或 [放弃（U）/删除（R）]:在压印面上单击 找到一个面。

选择面或 [放弃（U）/删除（R）/全部（ALL）]: ✔

指定拉伸高度或 [路径（P）]: –8 ✔

指定拉伸的倾斜角度 <0>: ✔

已开始实体校验。

已完成实体校验。

结果如图9.83（c）、图9.87所示。

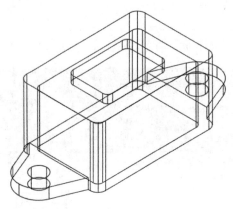

图9.87 拉伸面后的箱体

八、创建前表面凸台

1. 固定坐标系并绘制轮廓体

先把坐标系固定到前表面，如图9.88。然后还是在"西南等轴测"视图中按图9.67所示尺寸绘制凸台轮廓线。

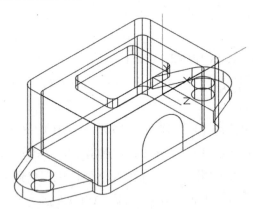

图9.88 把坐标系固定到前表面然后绘制凸台轮廓线

创建凸台轮廓线的面域，再将面域压印到实体上。结果如图9.88所示。

2. 拉伸面

调用拉伸面命令，选择凸台压印面拉伸，高度为5，拉伸的倾斜角度为0°，结果如图9.89所示。

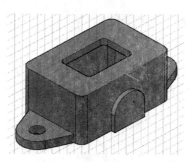

图9.89　凸台压印面拉伸后的箱体

3. 合并

调用"并集"命令，合并凸台与箱体。

4. 创建圆孔

在凸台前表面上绘制直径为20的圆，压印到箱体上，然后以–13的高度拉伸面，创建出凸台通孔。再调用"差集"命令，使凸台出现通孔。效果如图9.90、图9.91。

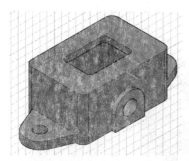

图9.90　出现凸台通孔后的箱体的着色显示

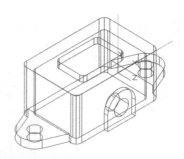

图9.91　出现凸台通孔后的箱体的线框显示

九、倒顶面圆角

将视图方式调整到三维线框模式，调用圆角命令：
命令: _fillet
当前设置: 模式 = 修剪，半径 = 5.0000
选择第一个对象或 [多段线（P）/半径（R）/修剪（T）/多个（U）]: 选择上表面的一个棱边

输入圆角半径 <5.0000>: 5 ✓

选择边或 [链（C）/半径（R）]: C ✓

选择边链或 [边（E）/半径（R）]: 选择上表面的另一个棱边

选择边链或 [边（E）/半径（R）]: 选择内表面的一个棱边[如图9.92（a）所示]

选择边链或 [边（E）/半径（R）]: ✓

已选定 16 个边用于圆角。

结果如图9.92（b）、图9.93所示。

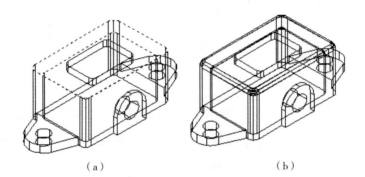

（a）　　　　　　　　　　　　（b）

图9.92　倒圆角

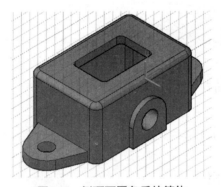

图9.93　倒顶面圆角后的箱体

十、剖切

1. 剖切实体成前后两部分

如图9.94，调用"实体"→"剖切"命令。

图9.94 调用"实体"→"剖切"命令

剖切过程如下：

命令: _slice

选择对象: 找到 1 个

选择对象: ✔

指定切面上的第一个点，依照 [对象（O）/Z 轴（Z）/视图（V）/XY 平面（XY）/YZ 平面（YZ）/ZX 平面（ZX）/三点（3）] <三点>: ✔

指定平面上的第一个点:选择中点A

指定平面上的第二个点:选择中点B

指定平面上的第三个点:选择中点C

在要保留的一侧指定点或 [保留两侧（B）]: B ✔

结果如图9.95所示。

用"删除"命令可把前半部分删除，得到图9.96。

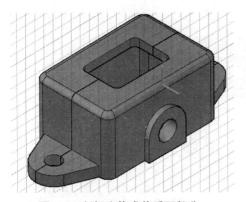

图9.95 剖切实体成前后两部分

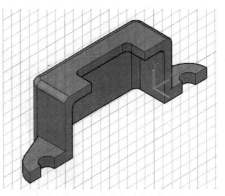

图9.96 把前半部分删除后的箱体

2. 剖切前半个实体

调用剖切命令过程如下：

命令: _slice

选择对象: 如图9.97（a）选择前半个箱体 找到1个

选择对象: ✔

指定切面上的第一个点，依照 [对象（O）/Z 轴（Z）/视图（V）/XY 平面（XY）/YZ 平面（YZ）/ZX 平面（ZX）/三点（3）] <三点>: ✔

指定平面上的第一个点: 选择中点D

指定平面上的第二个点: 选择中点F

指定平面上的第三个点: 选择中点E

在要保留的一侧指定点或 [保留两侧（B）]: 在右侧单击

结果如图9.97（b）、图9.98所示。

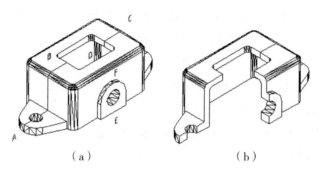

（a） （b）

图9.97 剖切前半个实体

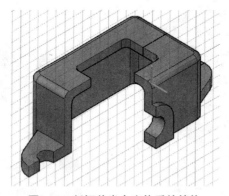

图9.98 剖切前半个实体后的箱体

3. 合并实体

调用"并集"命令，将剖切后的实体合并成一个，结果如图9.99所示。

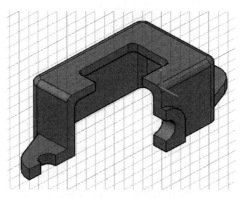

图9.99　实体合并后的箱体

第五节　三维立体图生成三视图

三维立体图生成三视图操作步骤如下：

第一步，打开需要获取二维视图的三维实体模型的文件，并选择显示模式为"二维线框"。如图9.100。

第二步，进入图纸空间。如图9.100、图9.101、图9.102单击绘图窗口左下方的选项卡"布局1"，进入图纸空间；把出图的纸张格式定好。

[−][西南等轴测][二维线框]

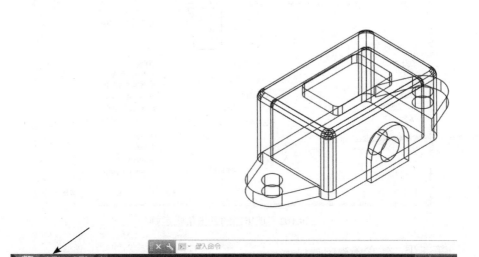

图9.100　二维线框显示的箱体

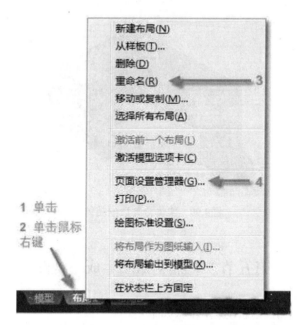

图9.101 进入页面设置管理器

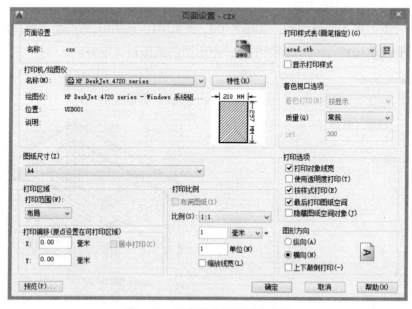

图9.102 把出图的纸张格式定好

第三步，建立俯视图视口：

用Solview命令建立多个浮动视口（建立俯视图视口），或向键入命令栏键入

"solview"按【Enter】键。

在输入选项【UCS（U）/正交（O）/辅助（A）/截面（S）】：用鼠标选择"UCS（U）"或者键入"U"后按【Enter】键。

在输入选项【命令（N）/世界（W）/？/当前（C）】<当前>：按【Enter】键。

输入视图比例<1>：按【Enter】键。

指定视图中心：在图纸中指定俯视图视口的中心位置，利用滚轮缩放图形显示，利用手形按钮🖐移动图形到适当位置。

指定视图中心<指定视口>：按【Enter】键。

指定视口的第一个角点：（利用对象捕捉功能指定俯视图视口的左下角）。

指定视口的对角点：（指定俯视图视口的右上角点）。

输入视图名：top，按【Enter】键。

至此俯视图视口建立完成。如图9.103、图9.104、图9.105。

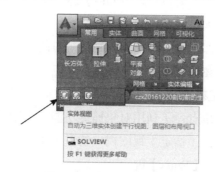

图9.103　点击Solview命令

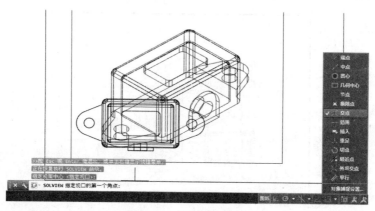

图9.104　设置对象捕捉

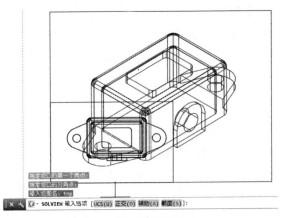

图9.105 建立俯视图

第四步，建立主视图视口：

在输入选项【UCS（U）/正交（O）/辅助（A）/截面（S）】：用鼠标选择"正交（O）"或者键入"O"后按【Enter】键。（以已有视口为参照基准，建立新的显示正交投影的视口）。

指定视口要投影的那一侧：（捕捉俯视图视口的下边框中点，如下图）。

指定视图中心：（在俯视图上视口方指定一点）。

指定视图中心<指定视口>：按【Enter】键。

指定视口的第一个角点：（利用对象捕捉功能指定俯视图视口的右上角）。

指定视口的对角点：（指定主视图视口的左上角点）。

输入视图名：front，【Enter】键。

至此主视图视口建立完成。如图9.106。

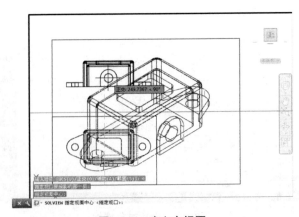

图9.106 建立主视图

第五步，建立左视图视口：

在输入选项【UCS（U）/正交（O）/辅助（A）/截面（S）】：用鼠标选择"正交（O）"或者键入"O"后按【Enter】键。（以已有视口为参照基准，建立新的显示正交投影的视口）。

指定视口要投影的那一侧：（捕捉主视图视口的左边框中点）。

指定视图中心：（在主视图视口右方指定一点）。

指定视图中心<指定视口>：按【Enter】键。

指定视口的第一个角点：（利用对象捕捉功能指定主视图视口的右下角）。

指定视口的对角点：（利用对象捕捉功能指定左视图视口的右上角点）。

输入视图名：left，然后按【Enter】键。至此左视图视口建立完成。如图9.107。

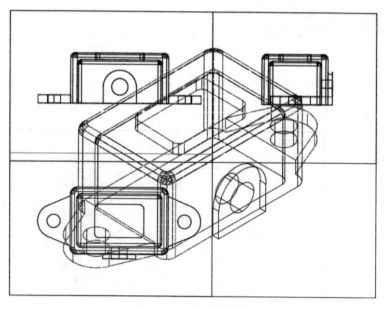

图9.107　建立左视图

第六步，用Soldraw命令获取二维轮廓图，或向键入命令栏键入Soldraw。

选择对象：将四个视口都选中。

选择对象：按【Enter】键。

四个视口中生成二维轮廓图。如图9.108。

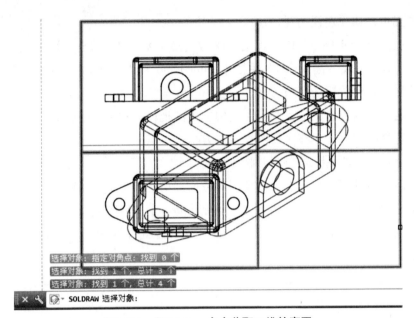

图9.108 用Soldraw命令获取二维轮廓图

第七步，在如图右下角的框内双击鼠标左键，然后滚动鼠标滚轮调整三维线框图的大小，并用手形按钮🖐移动图形到适当位置。如图9.109、图9.110。

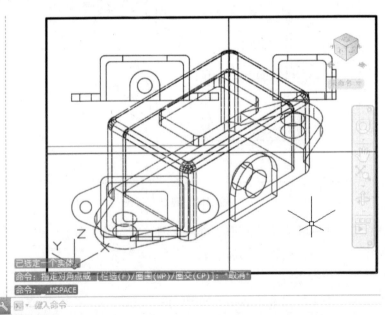

图9.109 调整三维线框图

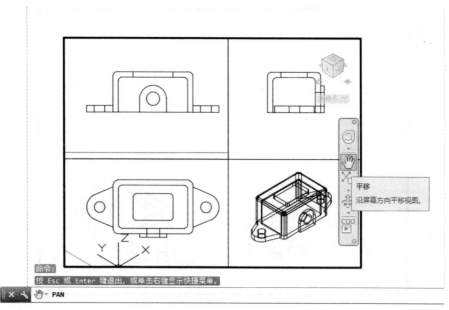

图9.110　移动三维线框图到适当位置

第八步，如图9.111所示关闭"VPORTS"图层，得到图9.112。

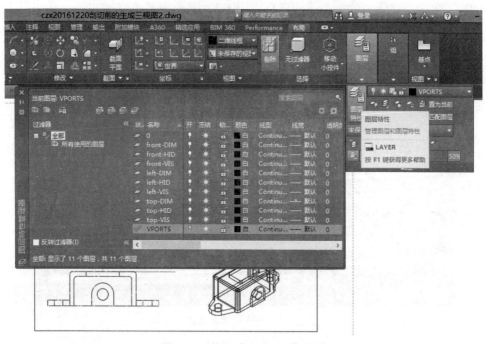

图9.111　关闭"VPORTS"图层

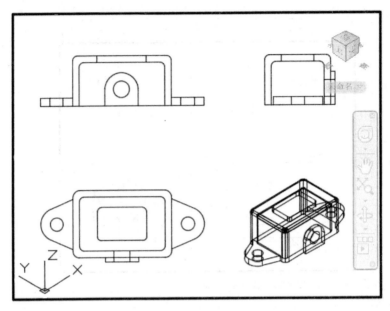

图9.112 关闭"VPORTS"图层后的视图

第九步，设置图层及其线型。如图9.113设置"front-HID""left-HID""top-HID"这三个隐藏层的线型为虚线DASHED2，颜色为蓝色。增加一个图层设为"标注"，改为红色，用以标注尺寸。增加一个图层设为"中心线"，改为绿色，用以标注中心线。

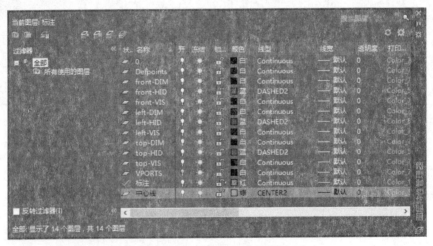

图9.113 设置图层及其线型

关闭该对话框则显示图9.114。

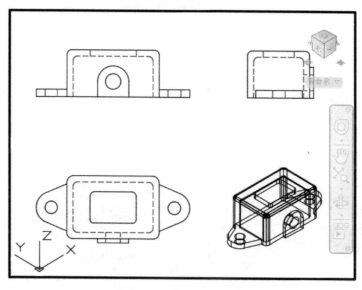

图9.114　设置图层及其线型

　　如果虚线线型比例不合适，可在命令栏输入"LTSCALE"然后回车，根据提示即可改变显示比例。

　　调整线型比例并补上中心线则显示如图9.115。

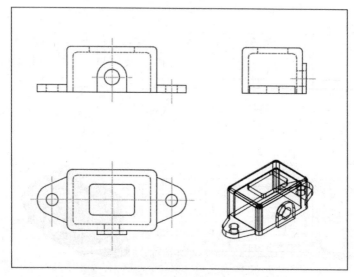

图9.115　调整线型比例并补上中心线

　　第十步，标注。设置"标注"图层为当前图层，标注如图9.116。

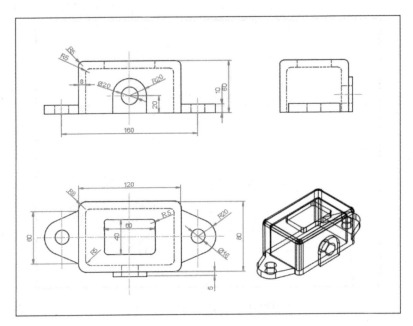

图9.116 标注

双击图纸边框，然后设置"灰度"显示，则显示如图9.117。

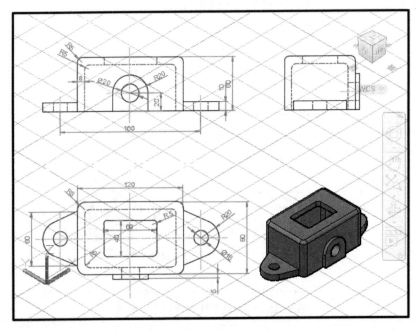

图9.117 "灰度"显示

第六节　物流设备三维建模示例

打开AutoCAD软件，进入三维建模界面。

一、无动力辊子传送带

画一个辊子，辊子的长为600mm，辊子直径为50mm，，辊子两端小轴直径为20mm，长分别为10mm。如图9.118、图9.119。

图9.118　绘制圆柱体命令

图9.119　绘制圆柱体

点击"常用"→"修改"中的阵列，如图9.120。

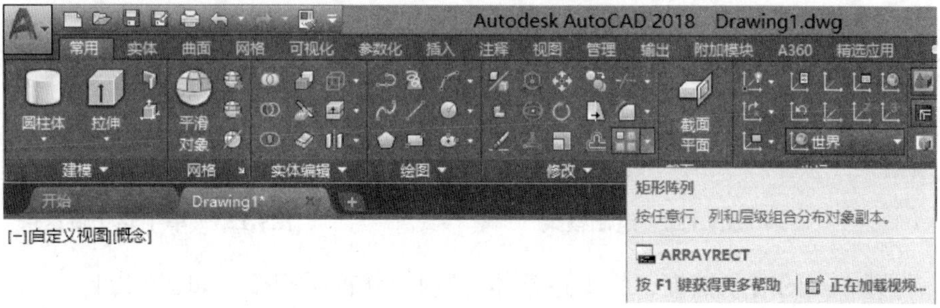

图9.120　"阵列"命令

按提示选择对象，右键确认，然后按图9.121进行阵列设置。设置好后点击"关闭阵列"。

图9.121 阵列设置

绘制长宽高分别为50，50，875的长方体。然后在长方体上绘制直径为20、长为600的圆柱体。如图9.122。

打开中点和圆心的对象捕捉，将上述长方体三维移动和复制到辊子排的两端，如图9.123。

图9.122 绘制横梁

图9.123 单个辊子传送带

打开中点的对象捕捉，将上述整体复制4个并首尾相接，如图9.124。

图9.124 无动力辊子传送带

二、叉车托盘

用三维建模，设置西南等轴侧。

画出一个长400、宽340、高40的长方体。如图9.125。

在一个角上画一个长70、宽65、高35的长方体 然后复制到另外三个角和两个中点位置。如图9.126。

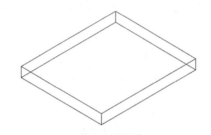

图9.125　绘制长方体

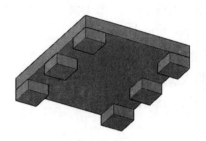

图9.126　绘制底座

如图9.127所示，打开端点捕捉，画4个长210、宽25、高40的长方体。

图9.127　绘制差集用的长方体

然后用差集命令得到通孔。如图9.128。

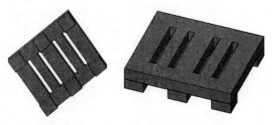

图9.128　用差集命令得到通孔

三、散货托盘

绘制长、宽、高分别为400、300、50的长方体。如图9.129。

调用抽壳命令：

命令：_solidedit

选择三维实体:在三维实体上单击

删除面或 [放弃（U）/添加（A）/全部（ALL）]:选择上表面 找到一个面，已删除 1 个

删除面或 [放弃（U）/添加（A）/全部（ALL）]:✔

输入抽壳偏移距离: 5✔

结果如图9.130所示。

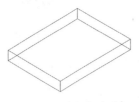

图9.129　绘制长方体　　　　图9.130　抽壳

在二维线框环境下，点击倒圆角，设置半径为50。注意内外两个长方体底边都要倒圆角。最终效果如图9.131。

图9.131　倒圆角

练 习

1. 平面视图绘制练习

（1）绝对坐标绘制

先执行line命令绘制一个三角形，三角形的三个顶点分别为（45，125）、

（145，125）、（95，210）。然后再绘制这个三角形的内切圆和外接圆。

　　画外接圆：circle命令（"三点"选项）。

　　画内切圆：执行circle命令，选择"相切、相切、相切"选项，分别点击三角形的三个边。

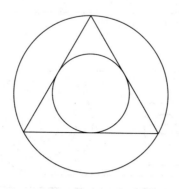

（2）相对坐标绘制

按图示标注的尺寸绘制一个矩形和一条直线，左下角的坐标为任意坐标位置。

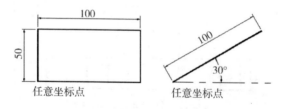

（3）练习

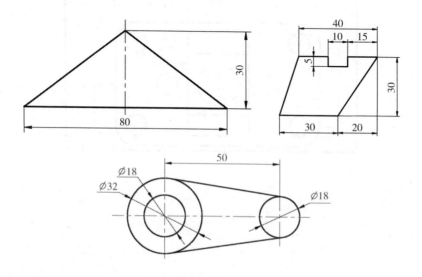

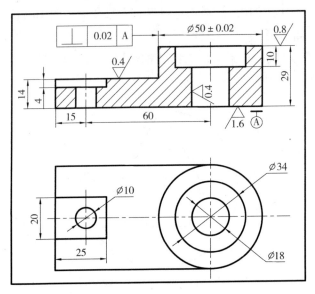

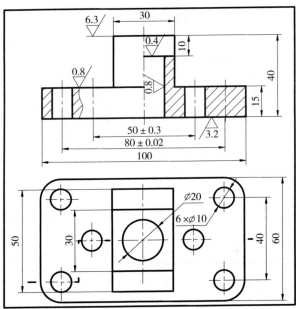

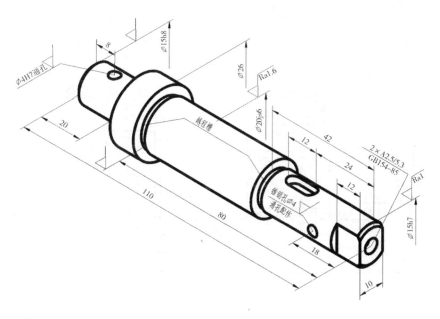

2. 装配图绘制练习

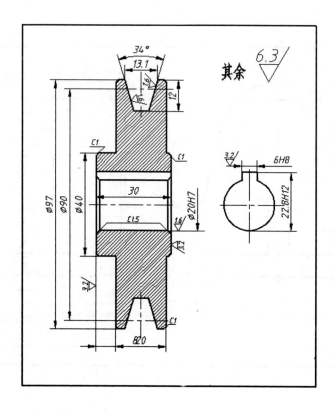

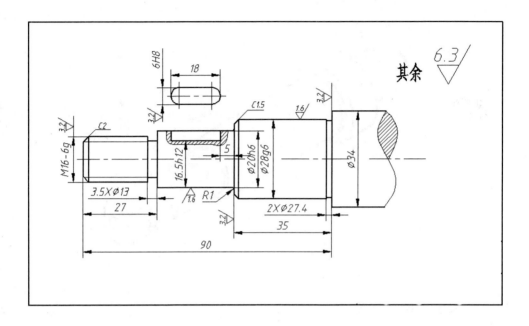

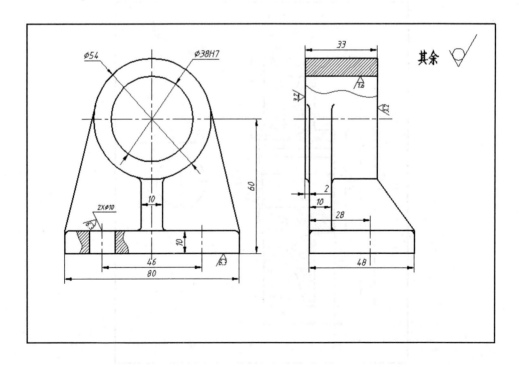

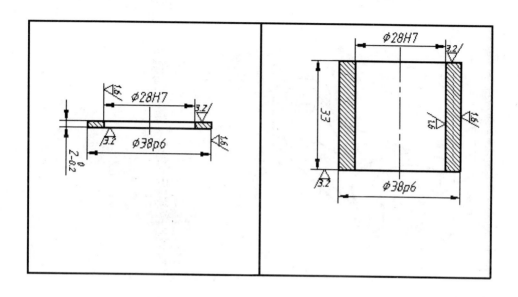

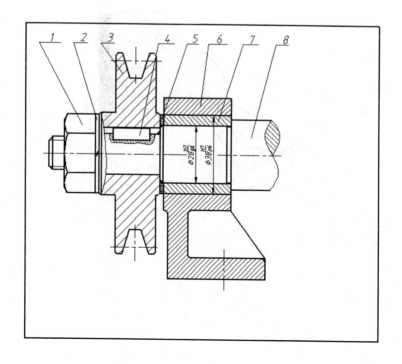

3. 三维立体建模

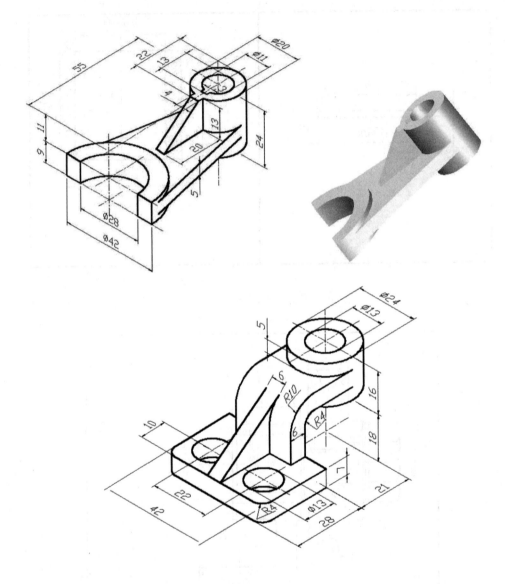

第十章 AutoCAD Plant 3D货架生成

AutoCAD Plant 3D也是由美国Autodesk（欧特克）公司开发的，是一款面向日常项目的三维工厂设计软件。基于熟悉的AutoCAD软件平台，AutoCAD Plant 3D使工厂设计师和工程师能够创建先进的三维设计。

本教材在AutoCAD Plant 3D 2018版本的基础上，详细讲述货架生成的步骤。

一、AutoCAD Plant 3D新建文件

新建一个文件。开始会有6页设置，其中第1、2、3、4页如图10.1~图10.4。

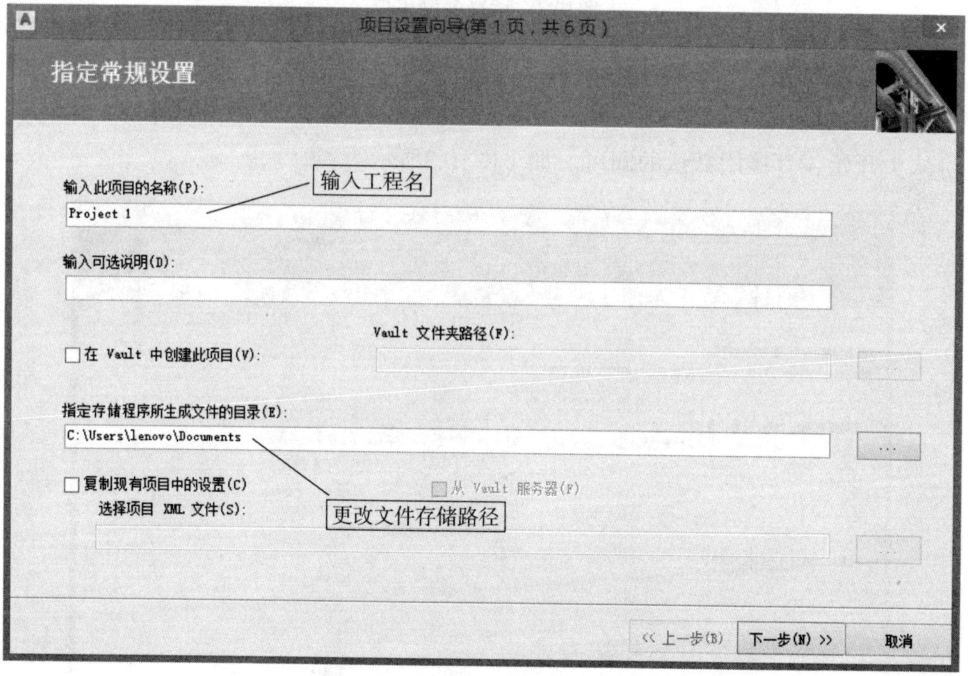

图10.1 文件名及存储路径设置

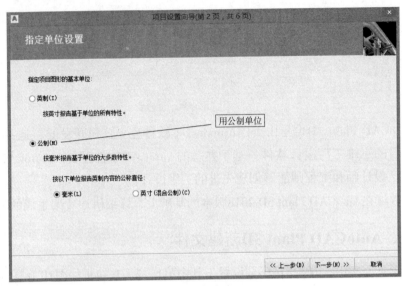

图10.2 选择公制单位

后面的4个步骤全部采用默认设置。

第3页设置P&ID文件的位置，可以把以前用P&ID设计的文件放在这。新的项目从头开始，直接用默认的即可。如下图10.3所示。

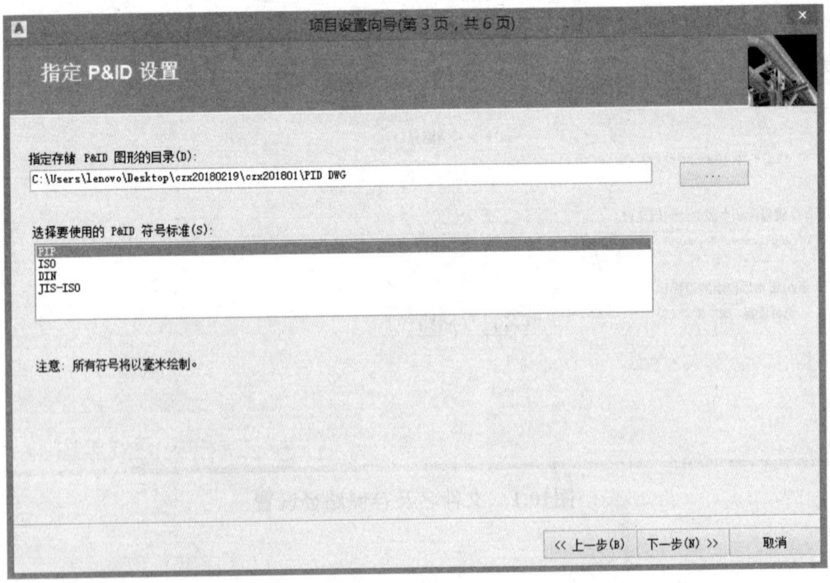

图10.3 设置P&ID

第4页设置3D文件位置等，如下图10.4所示。

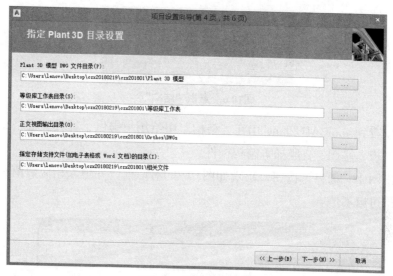

图10.4　设置文件位置

6页设置向导完成后，在左侧项目管理器下–项目–Plant 3D图形–右键–新建图形，如图10.5所示。

图10.5　在"Plant 3D图形"处单击鼠标右键并选择"新建图形"

按提示输入文件名，点击确定，至此新建文件完成。

二、AutoCAD Plant 3D生成货架

用AutoCAD Plant 3D生成货架的过程如下：

1.创建栅格

如图10.6，工具栏选择"结构"，开始结构建模，建模前可以先设置。

图10.6　点击"结构"

可以看到AutoCAD Plant 3D在"结构"中给用户提供了杆件、栅格、扶手、楼梯、平板、基础、直爬梯等结构构件。

点击图中"栅格"按钮，出现如图10.7的对话框，并填入相应数值。图中各种名称均可以不填。

图10.7　栅格对话框

然后点击图10.7中"创建"，采用默认视角，则出现图10.8。

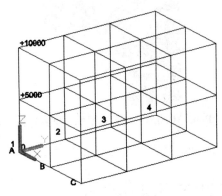

图10.8　创建栅格

2. 创建杆件

点击结构标签上的"杆件"，在命令行输入S进行设置，出现如图10.9所示对话框。在这里可以选择形状标准、形状类型、形状大小、材质标准、材质代码、角度、水平等。也可以从预览图中看到所选择的杆件的样子。

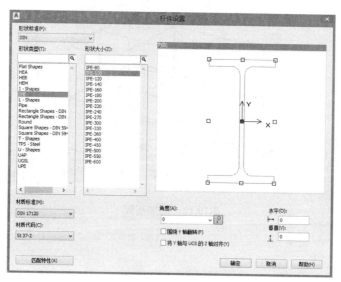

图10.9 杆件设置

按图10.9设置好后点击确定。然后打开屏幕右下角的"对象捕捉设置"选取"交点""垂足""端点"，在"线模型"下按照命令栏提示用鼠标左键选择栅格中所有的线段，线段即转化成杆件。点击图10.10中的"形状模型"。

能看到如图10.11所示形状模型视图。

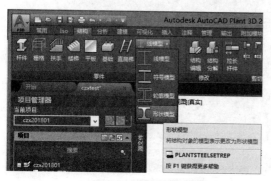

图10.10 显示模型选择

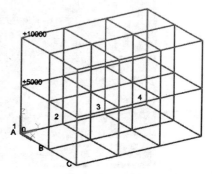

图10.11 创建杆件

3. 添加基脚

在"结构"中选择"基础"，可以在命令行输入S对其几何图形及材质进行设置，此处选默认设置，在模型中选择基脚的添加位置，启用捕捉点击鼠标左键即可添加。添加基脚后如图10.12所示。

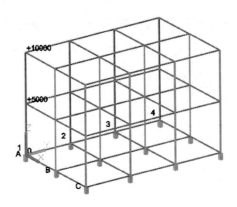

图10.12 添加基脚

4.添加平板

新建图层，如图10.13，并设为当前图层。

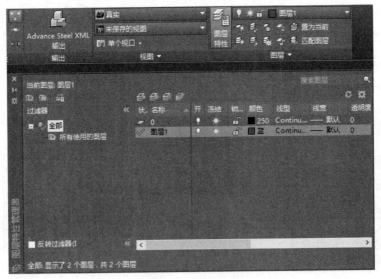

图10.13 新建图层

点击"平板"按钮，在弹窗中选择平板类型，并对平板材质和厚度进行设置，选择对正区域及形状，如图10.14，填上相应数值，创建格栅。

图10.14　添加平板设置

然后按提示操作，最后得到如图10.15的效果图。

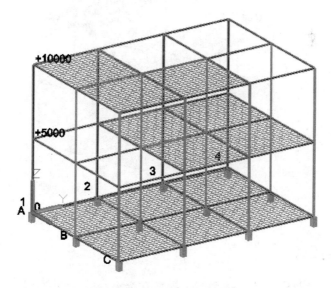

图10.15　添加栅格后的效果

创建平板，设置如图10.16。

图10.16 创建平板

然后按提示操作，最后得到如图10.17的效果图。

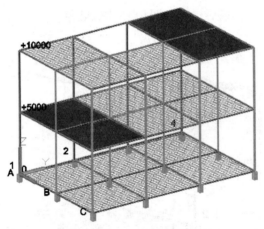

图10.17 添加平板后的效果图

5. 添加楼梯

类似前面杆件，点击"楼梯"，然后在命令行输入S进行设置。如图10.18，可以对楼梯宽度、最大踏步距离、形状等进行设置。

设置完就可以在图形中添加楼梯。如图10.19所示，选取"建模"标签，然后用其中的"矩形"绘图命令绘制如图10.20所示的辅助矩形。

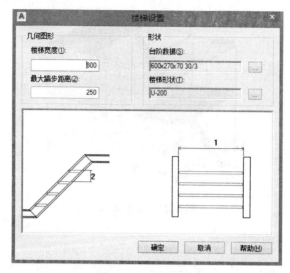

图10.18　楼梯设置

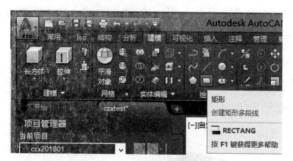

图10.19　"矩形"绘图命令

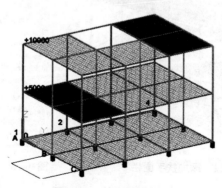

图10.20　绘制辅助矩形

　　打开"对象捕捉设置"的"中点"选项，点击"结构"中的"楼梯"，在模型中确定楼梯基点位置，右键确认即可。结果如图10.21。

图10.21 添加楼梯

删除图10.21中的辅助矩形。

6. 添加扶手围栏

在"结构"中选择"扶手"，可以在命令行输入S对其进行设置，此处选默认设置，启用捕捉点击鼠标左键即可添加，如图10.22所示。

至此货架创建完成。

在屏幕空白处点击鼠标右键，在弹窗中选择"SteeringWheels"，如图10.23，可以旋转模型看效果。

图10.22 添加扶手围栏

图10.23 旋转模型看效果

仓库里往往需要多个货架，可在建模下的选项中选择复制按钮，鼠标左键选择需要复制的区域，移动到合适位置，右键选择确认即可。

第十一章　SolidWorks装配图绘制

SolidWorks软件组件繁多，有功能强大、易学易用和技术创新三大特点，这使得它成为领先的、主流的三维CAD解决方案。它能够提供不同的设计方案、减少设计过程中的错误以及提高产品质量，其零件设计、装配设计和工程图是全相关的。

本教材在SolidWorks 2018版本的基础上，以手推车和合页这两个装配体实例来详细地说明装配体的绘制及其爆炸图和装配图的生成。

第一节　创建一个手推车装配体

SolidWorks 2018软件默认尺寸单位由毫米变成米，在菜单栏"工具"里点击"选项"，在弹出的界面中点击"文档属性"→再点击"单位"，里面"单位系统"和"双尺寸长度"自带显示为英寸，将其均改为毫米。如图11.1所示。

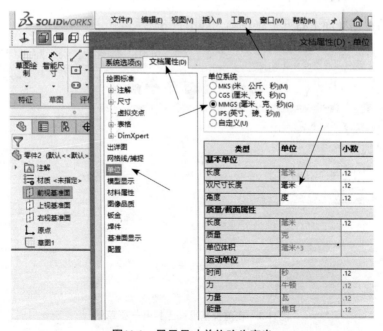

图11.1　显示尺寸单位改为毫米

一、创建手推车的各个零件

1. 创建第一个零件

新建一个零件图文件，文件→新建→零件，如图11.2所示。

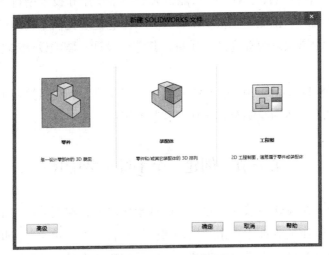

图11.2 新建一个零件图

在前视基准面上打开一张草图，如图11.3所示。

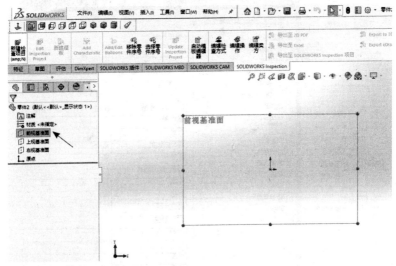

图11.3 在前视基准面上打开一张草图

再点击草图→矩形，绘制一个矩形，用"智能尺寸"更改尺寸为长1000mm，宽为700mm，如图11.4，然后点击"退出草图"。

单击"特征"工具栏上的"拉伸凸台/基体"，选定"前视基准面"，设定拉伸厚度为10mm，确定，如图11.5。保存第一个零件，命名为"板"。

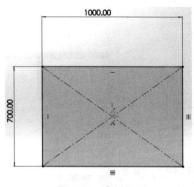

图11.4　绘制矩形

图11.5　第一个零件

2. 创建第二个零件

在前视基准面画一个长800mm，宽500mm的矩形，并应用工具栏里的"快速捕捉"在其中点画一横线，如图11.6。

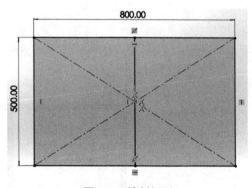

图11.6　绘制矩形

退出草绘界面，点击插入→焊件→结构构件，如图11.7，类型设方形管，大小默认就好，也可根据实际情况而定，选择四条边的边框，点击 ✓ 确定。再重复上述步骤并选中中间的横梁，保存第二个零件，命名为"板架"。如图11.8。

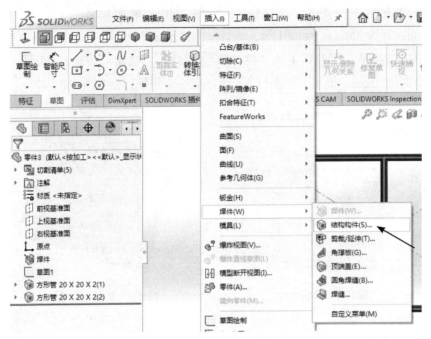

图11.7　插入结构构件

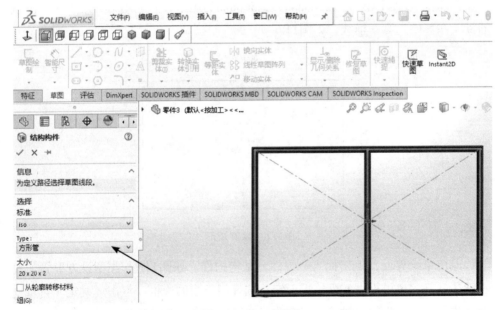

图11.8　第二个零件

3. 创建第三个零件

前视基准面画一个直径为120mm的圆，然后点击"特征"→"拉伸凸台/基体"，选择圆，左边区域设定厚度为20mm，如图11.9。最后点击✓确定。

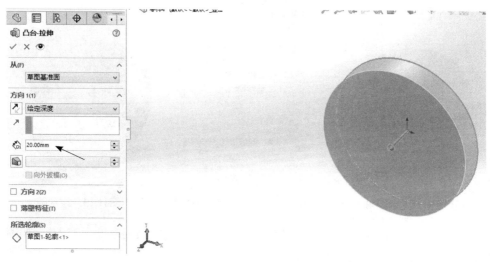

图11.9 绘制圆台

点击工具栏上的倒圆角命令，在左边区域将半径改为3mm，选中两个圆周边，如图11.10。

图11.10 选中两个圆周边

点击 ✔ 确定，效果如图11.11。

点击"草图"→"草图绘制"，然后按照如图图11.12所示提示选择一个端面，在这个面中绘制一个直径为20mm的圆，如图11.13。

图11.11 倒圆角　　　图11.12 提示选择一个端面　　　图11.13 绘制圆

然后点击"特征"→"拉伸凸台/基体"，左边区域设定厚度为25mm，如图11.14。最后点击 ✔ 确定。

同理，按住滚轮旋转轮子到另外一个端面并在此端面上完成凸台绘制，最后效果如图11.15。保存第三个零件，命名为"轮子"。

图11.14 绘制伸出轴　　　　　图11.15 第三个零件

4. 创建第四个零件

前视基准面画一个长为80mm，宽为60mm的矩形。然后点击"圆弧"→"切线圆弧"，然后点击矩形短边的一个端点，再点击另一个端点，如图11.16。

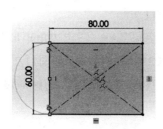

图11.16　绘制矩形及半圆

然后选中该短边，按Delete删除该短边。然后点击"特征"→"拉伸凸台/基体"，左边区域设定厚度为20mm，如图11.17。最后点击 ✔ 确定。

在前视基准面，半圆一侧，短边中点绘制直径为20mm的圆，如图11.18。

图11.17　拉伸矩形及半圆

图11.18　在端面绘制圆

点击"特征"→"拉伸切除"，给定深度选择完全贯穿，拉动切除方向箭头使其指向实体，如图11.19。

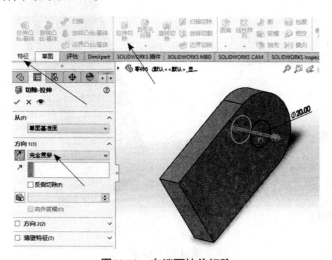

图11.19　在端面拉伸切除

点击 ✓ 确定，效果如图11.20。

选择"草图"→"草图绘制"→"三点边角矩形"，然后按提示选中该实体底面，绘制一个宽60mm，长35mm的矩形，如图11.21。

点击"特征"→"拉伸凸台/基体"，左边区域设定厚度为15mm，最后点击 ✓ 确定，如图11.22。

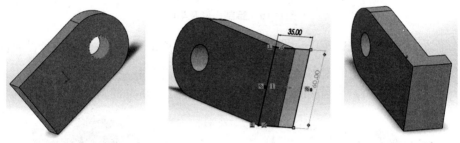

图11.20 在端面拉伸切除后效果图　　　**图11.21 在端面绘制矩形**　　　**图11.22 拉伸**

再点击"镜像"，镜像基准面选择凸台侧面，镜像实体选择整个实体，如图11.23。

图11.23 镜像

点击 ✓ 确定，效果如图11.24。保存此第四个零件为轮架。

图11.24　第四个零件

5. 创建第五个零件

在前视基准面画一个长1000mm的直线，在上端点画一条与水平成45°的直线，用"智能尺寸"修改尺寸。

再点击"圆"→"周边圆"，点击"快速捕捉"，依次点击这两条直线，使其相切，用"智能尺寸"修改其直径为200mm。如图11.25。

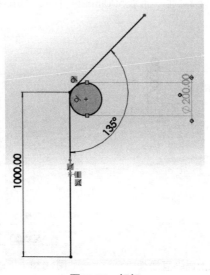

图11.25　相切

再点击"剪裁实体"→"剪裁到最近端",按图剪裁掉不需要的线段。如图 11.26。

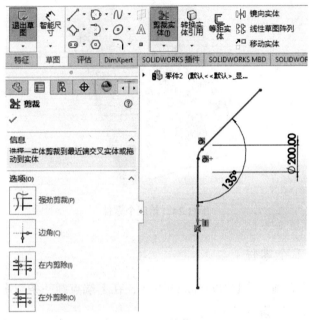

图11.26 剪裁

设定圆弧上面的直线长为200mm,如图11.27。

打开右视基准面,下端画一条长500mm的直线,如图11.28。

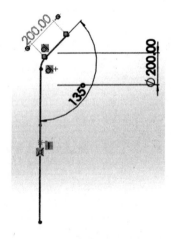

图11.27 设定圆弧上面的直线长

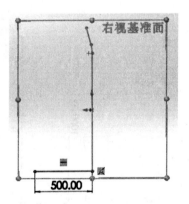

图11.28 下端画一条直线

退出草图，插入→参考几何体→基准面，在该直线另外一个端点插入一个基准面。如图11.29。

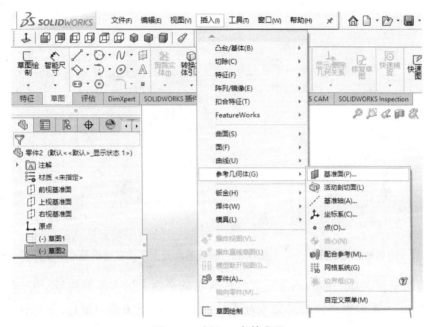

图11.29　插入一个基准面

第一参考为该直线，关系为垂直，第二参考为该端点，关系为重合，如图11.30。

图11.30　设定约束关系

点击 ✓ 确定，得到新的基准面4，效果如图11.31。

在此基准面4上完成在前视基准面上同样的操作，结果如图11.32。

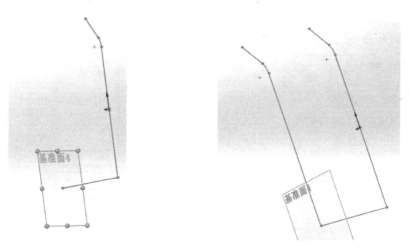

图11.31　得到新的基准面　　　　图11.32　在此基准面上完成在前视基准面上同样的操作

退出草绘，在上面的两条短直线所确定的平面上插入基准面5。第一参考为基准面4，关系为垂直，第二参考为其中一条短直线，关系为重合，如图11.33。

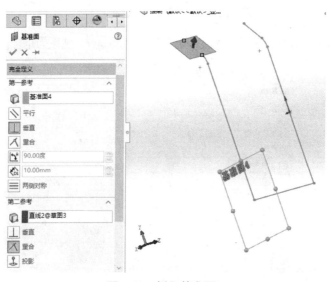

图11.33　插入基准面5

点击 ✓ 确定，此时可以拉伸一下基准面5使其放大。在基准面5上进行草绘，连接上面两个端点，在基准面5上重复画出两条短线段，并画两个直径为

200mm的圆分别与两条直角边相切。注意：要剪裁实体必须是同一基准面上的草绘实体，不同基准面上的草绘实体无法剪裁，如图11.34。

剪裁实体，如图11.35。

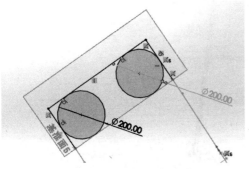

图11.34　得到新的基准面

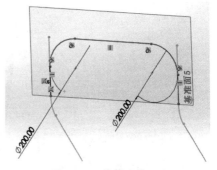

图11.35　剪裁实体

分别双击上图中伸出的两条悬空线段，进入草图绘制模式，可以直接删除这两条线段，忽略各错误提示，然后点击"退出草图"，结果如图11.36。

点击"右视基准面"，用"快速捕捉"在两条长边中加一条加固横梁，位置适中即可。双击最下面的横梁进入草绘模式，然后直接删除。效果如图11.37。

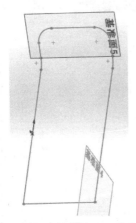

图11.36　直接删除这两条线段

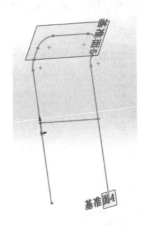

图11.37　添加与删除

最后点击菜单"插入"→"焊件"→"结构构件"，标准为iso，类型为管道，尺寸为21.3×2.3，依次选取可以焊接的路径。注意：中间加固横梁等构件属于多次焊接，重复多次即可，本例重复了上述过程5次。结果如图11.38。保存该零件为推架。

图11.38　第五个零件

二、装配手推车

1. 点击新建→高级→装配体，确定，如图11.39。

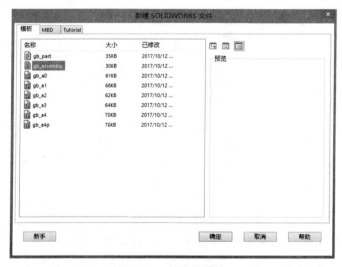

图11.39　新建装配体

此时会弹出选择插入零件对话框，如图11.40。把画好的零件全部选中，也可以先选两个进行装配，再依次添加，这里先插入板与板架，如图11.41。

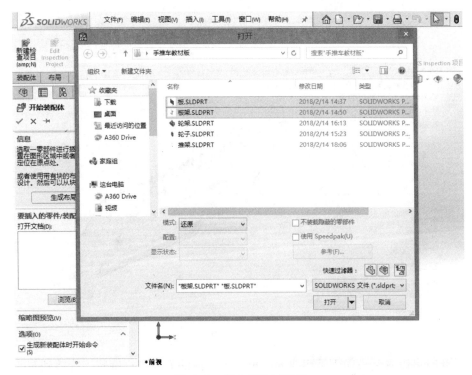

图11.40　插入零件对话框

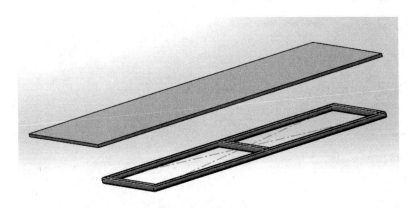

图11.41　插入零件

　　点击工具栏的"配合"，然后选中板的下表面与板架中间横梁的上表面，在左侧对话框中展开高级配合折叠菜单，选择轮廓中心，如图11.42。

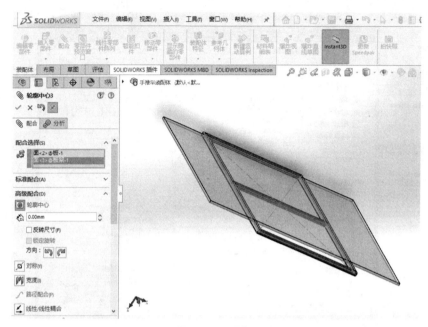

图11.42　配合

此时可以看到方向不是想要的，再点击下面的方向进行旋转，旋转到想要的方向，结果如图11.43。点击 ✔ 确定。

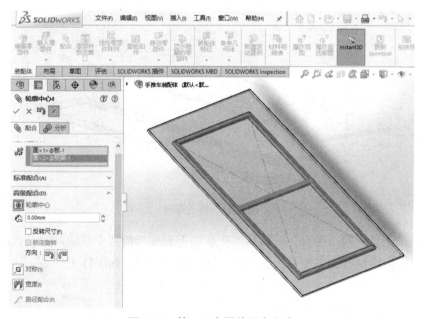

图11.43　第1、2个零件配合完成

如图11.44，再点击插入→零部件→现有零件/装配体，选择轮子与轮架，放在合适的位置即可，如图11.45。

图11.44　插入新零件

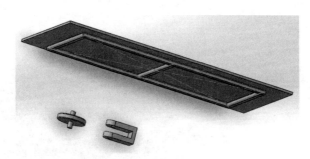

图11.45　插入第3、4个零件

点击工具栏的"配合"，然后选择轮轴的侧曲面外表面与轮架上的孔内表面，默认是同轴心配合，确定即可，如图11.46。

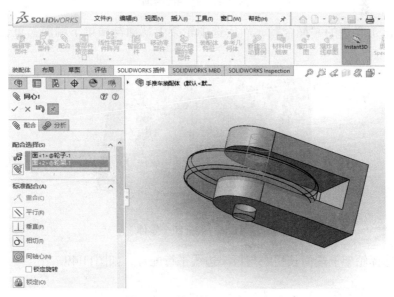

图11.46　装配第3、4个零件

再点击工具栏的"配合"，然后选择轮轴端面与轮架外侧面，系统会自动重合配合，点击√确定即可，如图11.47。

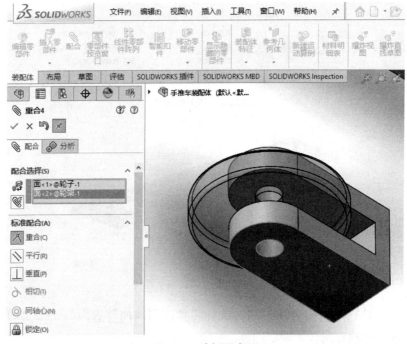

图11.47　选择配合面

点击工具栏的"配合"，然后选中轮架上端面与横梁下端面，重合，如图11.48。

图11.48　装配四个零件

再选择轮架上端面长楞线与板架边线平行配合，如图11.49。

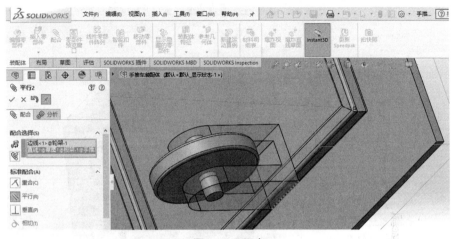

图11.49 配合

再选择轮架上端面短棱线与板架边线重合配合，如图11.50。

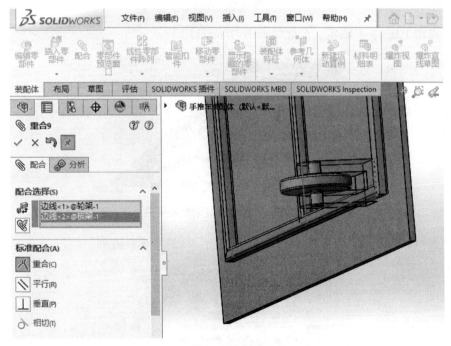

图11.50 配合

点击工具栏的"配合"，然后选中如图11.51所示的轮架端面与横梁端面，选配合为"重合"。

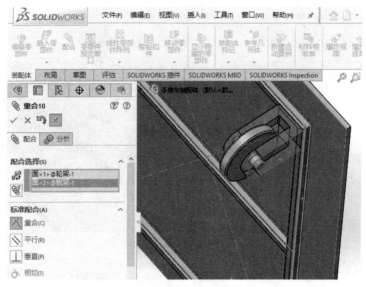

图11.51   配合

点击上图的 ✔ 确定。至此效果图为如图11.52。

图11.52   四个零件装配的效果图

如图11.53，点击工具栏的"装配体"→"线性零部件阵列"。

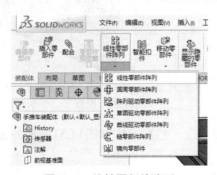

图11.53   线性零部件阵列

按如图11.54所示选择两条边为阵列方向，设置阵列偏移距离分别为760mm、450mm，数量均为2。点击视图中的右下角的箭头符号可改变阵列方向。

图11.54　阵列设置

点击图11.54的 ✔ 确定。至此效果图为如图11.55。

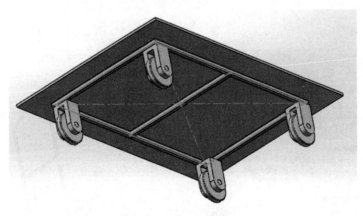

图11.55　阵列后效果图

最后插入推架，点击"配合"，选择推架下端面圆环与板上端面，重合，如图11.56。

图11.56 插入推架

点击图11.56的 ✔ 确定。再选择推架横梁中的一条线与板前侧楞线平行配合，如图11.57。

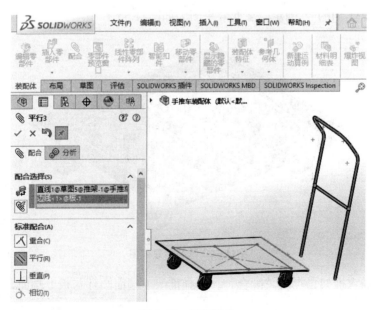

图11.57 平行配合

点击图11.57的 ✔ 确定。

如图11.58所示，单击左边的树形列表的"板"选项，在弹出的工具栏中点击"隐藏零部件"，得到结果如图11.59。

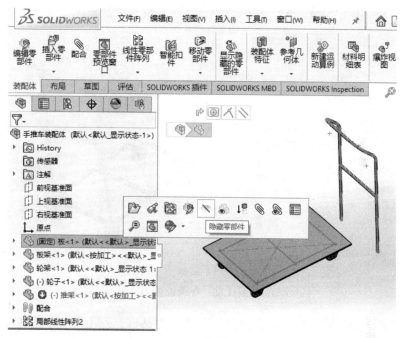

图11.58　点击"隐藏零部件"

图11.59　隐藏零部件

如图11.60，点击工具栏的"装配体"→"配合"，然后选择一个轮架的上表面和推架一个杆的端面，再在左边区域的"高级配合"中选择"轮廓中心"。

图11.60 配合设置

点击图11.60的 ✔ 确定，会弹出如图11.61对话框，点击第一个选项。

然后单击左边的树形列表的"板"选项，在弹出的工具栏中点击"显示零部件"，得到结果如图11.62。

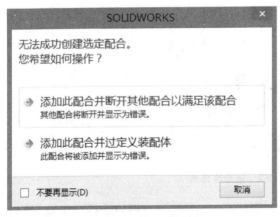

图11.61 提示对话框

图11.62 小推车装配完成

至此小推车的装配过程完成，保存该装配体。

第二节　生成手推车爆炸图

点击"装配体"→"爆炸视图"，然后依次点击每一个零件，会出现坐标轴，点击某一个坐标轴拖动该零件，如图11.63。所有零件沿相同方向移动到合适位置后，点击 ✔ 确定完成爆炸图，结果如图11.64。

图11.63　点击某一个坐标轴拖动该零件

图11.64　爆炸图

如果要取消 solidworks 爆炸视图回到装配体，直接在爆炸视图任何区域单击鼠标右键，在弹出的快捷窗口中选择"解除爆炸"即可。

第三节　生成手推车平面装配图

单击工具栏上的新建 🗋 。

如图11.65，在弹出的对话框中，选取"模板"选项卡中的"gb_a2"。注意：如果"模板"选项卡不显示，单击"新手"界面的"高级"按钮。

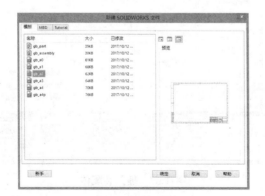

图11.65　新建装配图

单击上图的"确定"按钮，滚动滚轮调节图纸大小和位置，结果如图11.66。

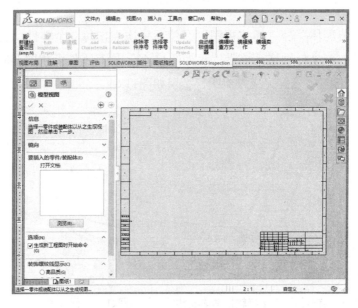

图11.66　调节图纸大小和位置

点击左侧浏览按钮，插入装配体，如图11.67。

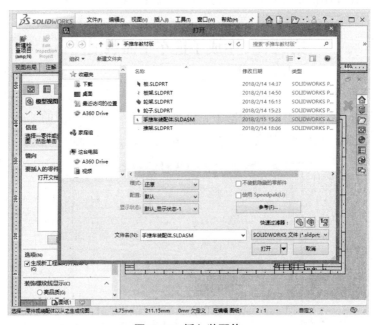

图11.67　插入装配体

　　在合适的位置放置主视图、左视图、俯视图、轴测图，点击√。此时可以点击左侧视图名称"工程图视图4"来调整轴测图方向，调整到合适的方位达到最优的视觉效果，如图11.68。

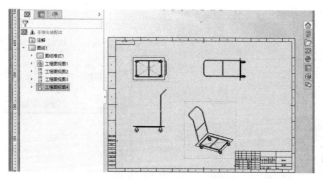

图11.68　放置主视图、左视图、俯视图、轴测图

　　点击如图11.69所示的"注解"工具栏，用其中的"智能尺寸"标注所需要的各种尺寸，用"注释"添加零件编号或名称以及相关的技术说明等。

　　注释各零件名称如图11.70所示。

图11.69　"注解"工具栏

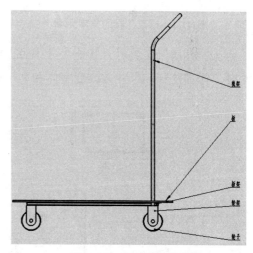

图11.70　注释各零件名称

　　如果想修改注释的文字大小，可单击该尺寸，然后在左边的"模型视图"PropertyManager中点击去掉"使用文档字体"的√，然后点击"字体"按钮即可修改，如图11.71。

　　如果想修改尺寸单位和样式等，可单击该尺寸，然后在左边的"模型视

图"PropertyManager中点击"其他"，去掉"使用文档字体"的√，然后点击
"字体"按钮即可修改，如图11.72。

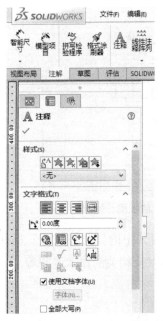

图11.71　修改注释的文字大小

图11.72　修改尺寸单位和样式

点击"注解"工具栏，智能尺寸中可以标注装配的尺寸，添加必要的外观总
体尺寸。添加注释和尺寸并改变字体和大小后结果如图11.73。

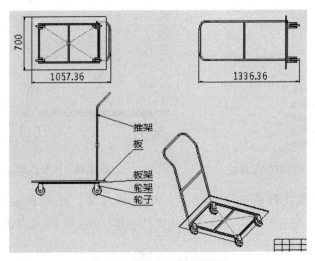

图11.73　添加注释后的结果

在标题栏任何需要修改的地方双击，即可激活编辑状态进行修改或添加文字，如图11.74。单击文字区域外面来保存更改。

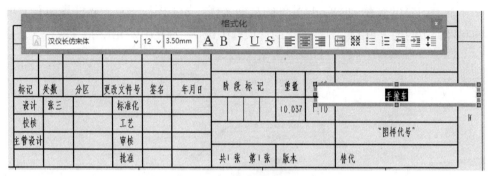

图11.74　修改标题栏

如图11.75，可单击视图工具栏上的"整屏显示全图" 🔍 。

图11.75　单击"整屏显示全图"

用右键单击工程图图纸中的任何地方，然后选择"编辑图纸"以退出编辑图纸格式模式。

保存文件即得到该手推车的平面装配图文件，如图11.76。

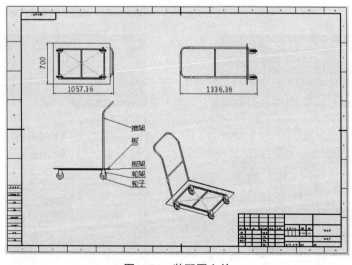

图11.76　装配图文件

第四节　合页的绘制

　　本节内容可参看SolidWorks软件的帮助文档。如下图所示点击软件界面右上角的问号旁边的倒三角图标，在弹出的选项框中选择"SOLIDWORKS指导教程"。

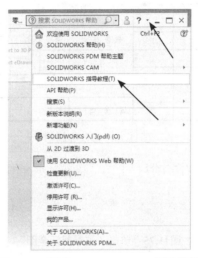

图11.77　调出SOLIDWORKS指导教程

　　弹出如图11.78的对话框，点击其中的"高级技术"。

　　弹出如图11.79的对话框，点击其中的"高级设计"图案。

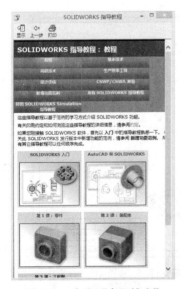

图11.78　点击"高级技术"

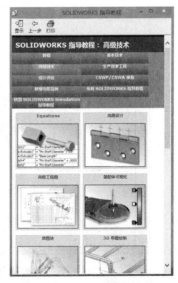

图11.79　点击"高级设计"

即可学习合叶装配体的设计绘制过程。

一、创建基本合叶零件

①新建一个零件图文件。

②在前视基准面上打开一张草图，图11.80。

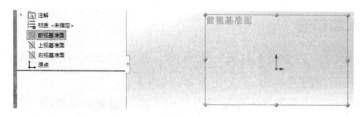

图11.80　在前视基准面上打开一张草图

③从原点开始往上绘制一条竖直线，并将其长度标注为60mm。

④单击特征工具栏上的拉伸凸台/基体 。

⑤如图11.81，在PropertyManager中：

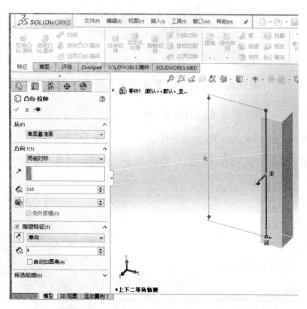

图11.81　在PropertyManager中设置

在方向1下：

1）在终止条件中选择两侧对称；

2）将深度 🔾 设置为 120。

在薄壁特征下：

1）在类型 ⤢ 中选择单向；

2）将厚度 🔾 设置为 5。

⑥单击确定 ✓ 。

二、添加销套

①在较窄的竖直平面上打开一张草图。如图11.82，在上边线处绘制一个圆，其圆心在前面的顶点处。

②在圆和后面的顶点之间添加重合几何关系以完全定义草图。

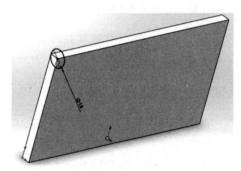

图11.82 在较窄的竖直平面上绘制一个圆

③单击"特征"工具栏上的扫面 ✐ 扫描 。

④如图11.83，在 PropertyManager 中：

为 ⌀ 在图形区域中选择圆轮廓，为路径 ⌒ 选择一条长模型边线。

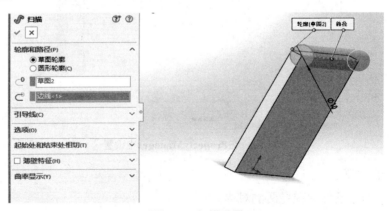

图11.83 扫描设置

⑤单击确定 ✓ 。效果如图11.84所示。

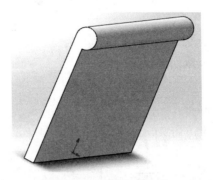

图11.84　扫描生成效果

三、切出销套的通孔

①在较窄平面上打开一张草图。

②如图11.85所示绘制一个圆并标注尺寸，并给销套的外边线添加同心几何关系。

③单击"特征"工具栏上的拉伸切除 。

④在 PropertyManager 中，在方向 1 下为终止条件选择完全贯穿。

⑤单击确定 ✓ 。通孔的生成效果如图11.86。

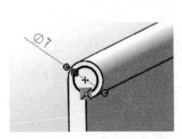

图11.85　绘制一个用来打孔的圆　　　图11.86　通孔的生成效果

四、添加螺钉孔

①单击图11.87中的x轴。

②单击"特征"工具栏上的异型孔向导 。

③在 PropertyManager 中的类型 选项卡上：

在孔类型下：

1）单击锥孔 。

2）在标准中选择 Ansi Metric。 在孔规格下，在大小中选择 M8。 在终止条件下选择完全贯穿。

④选择位置 位置选项卡。

⑤单击来放置孔，大致如图11.88所示。

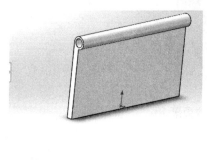

图11.87　单击图中的x轴

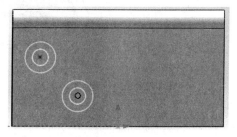

图11.88　放置孔

⑥单击"草图"工具栏上的智能尺寸，然后如图11.89所示标注孔尺寸。

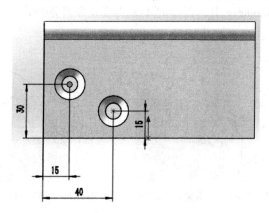

图11.89　标注孔尺寸

⑦单击两次确定 关闭两个 PropertyManager。

五、镜像螺钉孔

①单击"特征"工具栏上的镜向 镜向 。

②在 PropertyManager 中：

1）在"镜向面/基准面"下，选择 FeatureManage 设计树中的 前视 基准面。

2）在"要镜向的特征"中，在 FeatureManager 设计树或图形区域中选择孔特征。

③单击确定 ✓。

如图11.90可以看到孔透过合叶的较大面镜向。

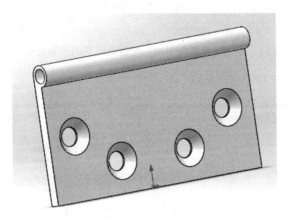

图11.90　镜像螺钉孔

六、创建合叶切除

①如图11.91所示调用"草图"工具栏画线和画圆弧的命令画封闭线框。

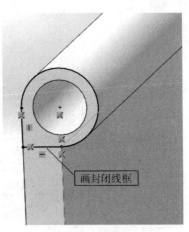

图11.91　画封闭线框

②用如图11.92所示"转换实体引用"按钮把上述封闭线框的三条线组合起来。

图11.92 用"转换实体引用"把封闭线框的三条线组合起来

③如图11.93点击"复制实体"。

图11.93 点击"复制实体"

然后出现如图11.94对话框，并在下图中"要复制的实体"中选择所画封闭框的三条线，在"△z"处输入"−24"。

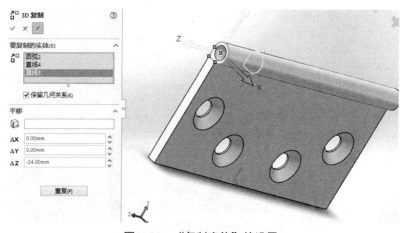

图11.94 "复制实体"的设置

然后点击确定 ✓。接下来点击"重复"按钮，再点击 ✓ ，如此重复4次，即共得到5个封闭线框。结果如图11.95所示。

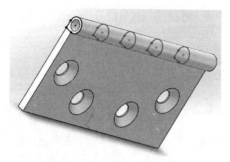

图11.95　得到5个封闭线框

④保存此零件为 HingeHoleFrame.sldprt。

七、创建第一个合页零件体

①打开文件HingeHoleFrame.sldprt并另存为HingeHoleFrame1.sldprt。然后删除第二、第四个封闭框。如图11.96。

②如图11.97点击"特征"工具栏上的"拉伸切除"按钮。

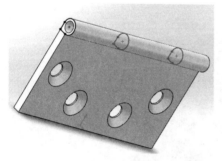

图11.96　删除第二、第四个封闭框

图11.97　点击"拉伸切除"按钮

如图11.98在"拉伸方向"处点选图中所在的直线。

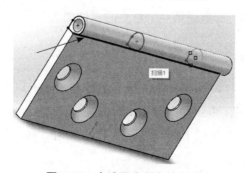

图11.98　点选图中所在的直线

然后在深度 🔩 处填入"24"。如图11.99所示。

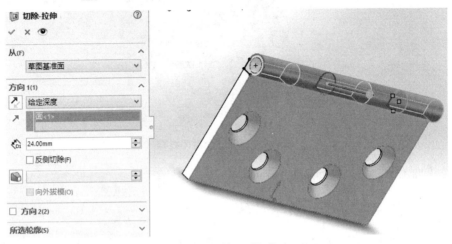

图11.99　填入"24"

最后点击确定 ✔ ，得到图11.100所示的第一个合页零件体。

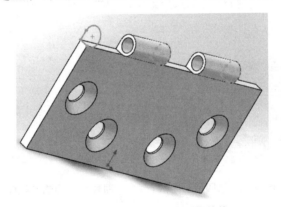

图11.101　创建第一个合页零件体

③点击保存文件，即得到第一个合页的零件图。

八、创建第二个合页零件体

①打开文件HingeHoleFrame.sldprt并另存为HingeHoleFrame2.sldprt。然后删除第一、三、五这3个封闭框。如图11.101所示。

②点击"特征"工具栏上的"拉伸切除"按钮。在"拉伸方向"处点选图11.102中所在的直线。

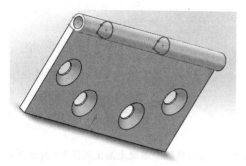

图11.101 删除第一、三、五这3个封闭框

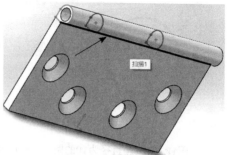

图11.102 点选图中所在的直线

然后在深度 ⟳ 处填入"24"。最后点击确定 ✓，得到图11.103所示的第二个合页零件体。

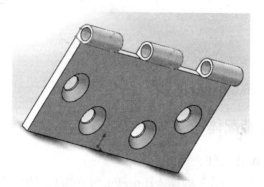

图11.103 创建第二个合页零件体

③点击保存文件，即得到第二个合页的零件图。

九、创建销钉

①新建一个零件图。

②在前视基准面上打开一张草图。

③画直径为10的圆，如图11.104所示。

④在"特征"工具栏中利用"拉伸凸台/基体"拉伸出高度为3mm的圆柱体。

⑤在圆柱体的一个端面上画出直径为6.5mm的圆，如图11.105所示。

⑥在"特征"工具栏中利用"拉伸凸台/基体"拉伸出高度为120mm的圆柱体，如图11.106所示。

⑦保存该文件为HingePin.SLDPRT，即得到销钉的零件图。

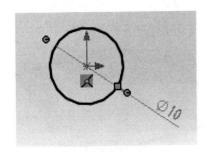

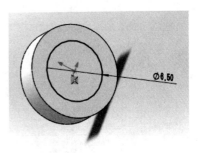

图11.104　画直径为10的圆　　**图11.105　在圆柱体的端面上画出直径为6.5mm的圆**

图11.106　创建销钉

十、组合成装配体

①新建一个装配体文件。

②在图11.107中"浏览"处插入HingePin.SLDPRT、HingeHoleFrame1.sldprt、HingeHoleFrame2.sldprt这三个文件。

图11.107　插入HingePin.SLDPRT、HingeHoleFrame1.sldprt、HingeHoleFrame2.sldprt三个文件

结果如图11.108所示。

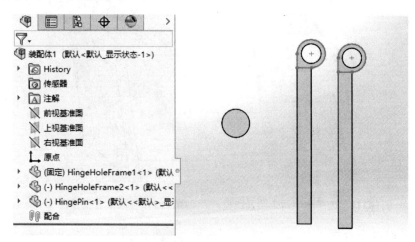

图11.108　插入三个已创建的零件

③在零部件较窄的前表面之间添加重合配合。

如图11.109，选择两个表面。

然后点击"装配体"工具栏上的"配合"按钮，如图11.110所示。

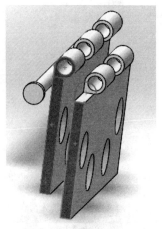

图11.109　选择两个表面

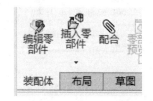

图11.110　点击"配合"

点击确定按钮 ✓ 以确定重合配合。

④配合两个合页。

如图11.111，选择两个表面（即图中两个圆弧线框）。

再点击 同轴心(N)，最后点击确认 ✓，得到图11.112，可以看到两个合页重合了。

图11.111　选择图中两个圆弧线框

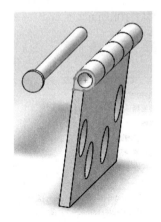

图11.112　两个合页重合

⑤旋转两个合页。

如图点击"旋转零部件"，然后拖动一个合页得到图11.113。

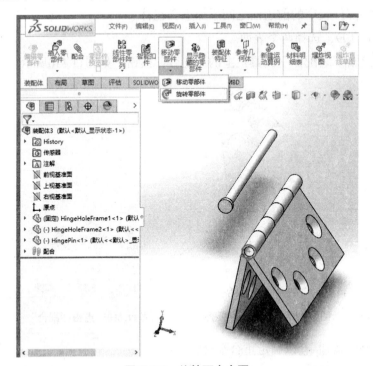

图11.113　旋转两个合页

⑥插入销钉。

如图11.114，选取销套的圆柱形内表面和合页销孔的端面。

再点击"装配体"工具栏的"配合"按钮添加配合，接着点击确定按钮 ✓，得到图11.115。

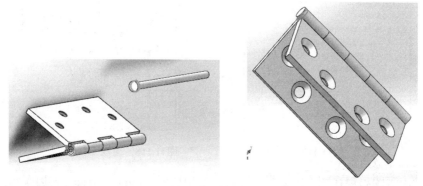

图11.114　选取销套的圆柱形内表面和合页销孔端面　　**图11.115　组合成装配体**

⑦保存文件"Hinge装配体.SLDASM"，即得到该合页的装配体文件。

十一、生成合页爆炸图

①打开文件"Hinge装配体.SLDASM"并另存为文件"Hinge装配体爆炸图.SLDASM"。

②点击"装配体"工具栏的"爆炸视图"按钮 ，然后按提示拖拽三个零件，接着点击确定按钮 ✓，得到图11.116所示的爆炸图。

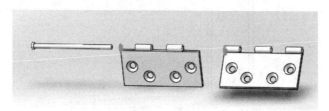

图11.116　生成爆炸图

十二、生成合页平面装配图

①新建一个工程图文件。

②在图11.117的"浏览"处点击输入装配体文件"Hinge装配体.SLDASM"，在图纸区域点击鼠标分别安放主视图、左视图、俯视图，再单击确定 ✓。效果如图11.118。

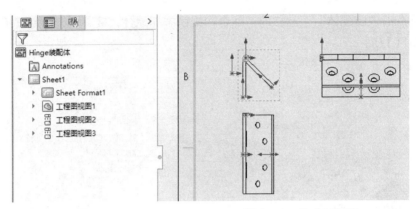

图11.117　　　　　　　　　　　图11.118　生成三视图

新工程图出现在图形区域中，同时"模型视图"PropertyManager 也随即出现。

③点击"注解"工具栏，标注所需要的各种尺寸，并点击"注释"添加零件编号或名称。最后点击确定 ✔ 。示例如图11.119。

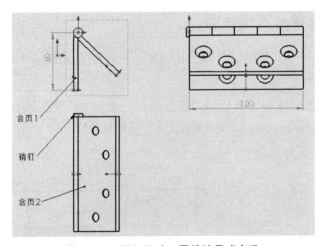

图11.119　添加尺寸、零件编号或名称

如果想修改尺寸单位和样式等，可单击该尺寸然后在左边的"模型视图"PropertyManager中点击"其他"，即可修改，如图11.120。

④根据需要修改现有的标题栏。

用右键单击工程图图纸上的任何位置，然后选择"编辑图纸格式"。

在标题块中双击需要修改的文本。可使用缩放工具使选择更容易。单击视图工具栏上的局部放大 🔍 ，然后拖动选择到右下角的标题栏。再次单击 🔍 关闭此工具。

将文字改为所需要的内容。

如图11.121在"注释"工具栏中更改字体、大小、样式。

图11.120　修改尺寸单位和样式　　图11.121　在"注释"工具栏中更改字体、大小、样式

单击文字区域外面来保存更改。

如图11.122单击视图工具栏上的"整屏显示全图" 。

图11.122　单击"整屏显示全图"

用右键单击工程图图纸中的任何地方，然后选择"编辑图纸"以退出编辑图纸格式模式。

⑤保存文件"Hinge装配体装配图.SLDDRW"，即得到该合页的平面装配图文件。

CAD上机综合练习

每人设计一个自己的物流仓库系统，要求包含：货架、托盘、手推车、叉车、地牛、流水线分拣机、集装箱、起重装置、机械手搬运装置、操作工人等。

提交作业：

①整个仓库系统立体图。无论是SolidWorks图还是Plant3D图都可以导入AutoCAD中，从而三款软件分别绘制的图都可以用一个软件打开形成一个完整的仓库系统立体图。

②其中每个设备的装配体图及所包含的所有零件体图。

SolidWorks装配体3D模型可以通过"另存为"命令保存为第三方格式，比如*.step，然后在AutoCAD里"文件"→"输入"导入对应的文件即可。如下图。

如下是示例。

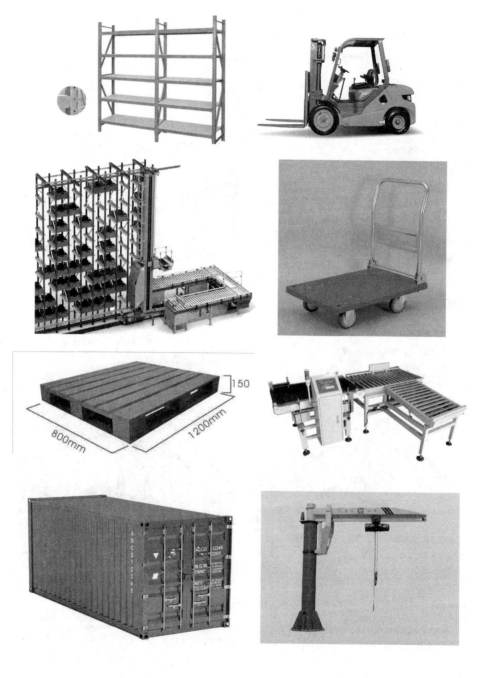

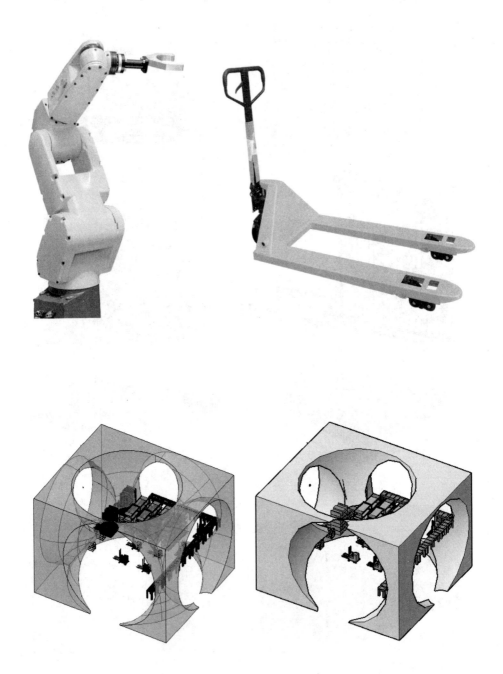

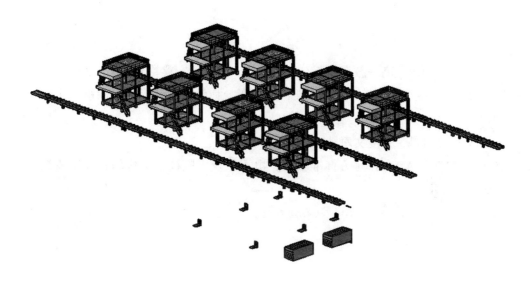

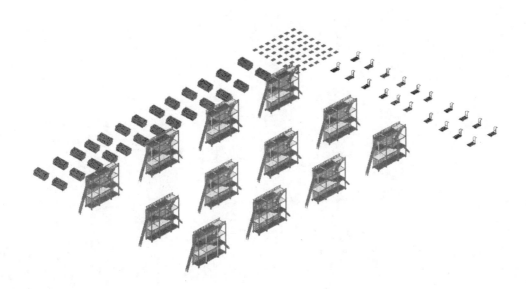

参考文献

[1] 工程制图，高等教育出版社，第二版，孙兰凤、梁艳书主编，2013

[2] 机械制图，高等教育出版社，第六版，何铭新、钱可强、徐祖茂主编，2010

[3] 百度百科、百度文库

[4] AUTOCAD2016官方标准教程，电子工业出版社，王建华、程绪琦编，2016